DOCTOR'S CONSULTING ROOM

動物醫生
診療室

PREFACE

[作者序]

　　要保持毛孩的健康，光靠動物醫生是不夠的。因為毛孩不會說話、不會自己來看醫生、不會自己吃藥打針，所以當他們有任何不舒服的時候，就要完全仰賴飼主細心地去發現和照顧。也因此，在動物醫生的診療室裡，每天除了要幫毛孩做詳細的檢查和治療之外，其實還有很大一部分的時間是要跟飼主溝通、解答飼主的各種疑惑，並訓練飼主成為動物醫生最堅強的夥伴。

　　我常常在網路上看到各種寵物社團，裡面會有很多飼主提出和毛孩醫療相關的問題，也有很多網友會熱心地分享經驗談，然而畢竟每個毛孩身體的狀況都不一樣，網友的經驗不見得都能適用於其他毛孩，很多醫療觀念也不見得正確，甚至有些只是為了推銷產品而非真心建議，如果誤信了錯誤資訊而延誤就醫，有些毛孩可能甚至會有生命危險。

　　我非常了解毛爸媽遇到毛孩生病時那種徬徨無助的心情，心中有一千萬個問號都希望能立刻獲得解答，深怕自己做錯了什麼、少做了什麼。也正因為如此，誕生了《動物醫生診療室》這本書，希望能透過 Q&A 的方式，把動物醫生在診療室中常常被問到的問題記錄下來，讓各位毛爸媽可以快速找到簡潔明瞭的答案，同時也能建立正確的醫療觀念，少走很多的冤枉路。

　　這本書的第一章我安排了新手毛爸媽的入門，把照顧毛孩一定要知道的基本觀念都整理在裡面，同時也囊括了帶毛孩就診時可能會遇到的一些常見疑問。而在這本書的第二部分，則是針對各種不同類型的疾病做詳細介紹，讓毛爸媽在毛孩生病的時候可以立刻查閱，不至於在眾說紛紜的網路資訊當中迷失方向。

　　當然，動物醫學的領域浩瀚無垠，絕對不是小小一本書就能說得完的，但我衷心希望這本書能成為一本讓毛主人輕鬆閱讀的口袋工具書，在通勤的時候、午休的時候，甚至是上廁所的時候隨手翻閱，讓每個毛孩的家裡都能有一位 24 小時駐診的動物醫生，陪伴毛孩健康快樂地成長。

FOREWORD I [推薦序一]

好的朋友，是每個人都想擁有的，也是每個人都想成為的。

葉士平醫師是我就讀台大六年的同窗，在那青澀的年代，我們總是一起談論著那個夢想中的未來，誓言要一起為了改變而努力著。

他總是展現出過人的聰穎與熱情，不論是在課堂的學習，或是忙到天昏地暗的臨床實習，他那清晰的思路與堅強的意志，是讓我在充滿壓力與挑戰的環境中，持續堅持的一股助力。

畢業後我們一同投入到小動物臨床的工作中，而在專業領域上他仍秉持初心，用心診療每一位細心家長懷抱中的毛小孩，並在台北地區獲得廣泛的好評與讚譽。

如今看到他在香港的成就開花結果，除了打從內心替他歡喜之外；我想，成功沒有偶然，是歲月付出的積累，是汗水揮灑的成果，是值得令人驕傲的。

在讀完葉醫師這本專門寫給飼主的小動物醫療知識系列作品，我站在一個小動物外科醫師的視角，看到的不只是專業知識的精確，更令我動容的是字裡行間中，仍能品味到十多年前他那實事求是的精神與熱情，不論在哪一個面向，都值得讀者細心品味。而葉醫師在小動物臨床醫療工作繁忙之餘，仍願意騰出時間撰寫這些寶貴的文章，著實令我敬佩與感動。

接下來就讓各位讀者們，透過閱讀葉醫師深入淺出的內容，一同學習如何站在主人的角度，守護家中毛寶貝的健康。

新竹康乃爾動物醫院內視鏡腫瘤微創中心院長

毛嘉慶

FOREWORD II

[推薦序二]

和葉士平醫師初識是在大學時期，他是大我兩屆的學長，而且一直很照顧學弟妹，對於學業、選課、見習等等都是有求必應，而這樣的熱情也一直延續到出社會工作，還記得當時我才剛畢業，晚上快要休息時來了一個急診病患，是個眼睛睜不開的貓咪，學長循循善誘地引導我將過去書本上的知識，轉化成臨床上能夠實際運用的技術。

很高興這次可以為學長寫推薦序，在台灣，獸醫師的生活是很忙碌的。回想自己剛畢業進入家庭醫院，每天早上處理住院動物，調整點滴、打針餵藥、抽血檢查，下午看診手術，行醫的生涯，除了在知識上、技術上不斷精進自己，給予病患更好、更新的醫療外，另一個很重要的環節就是如何讓沒有醫療背景的飼主能夠理解我們在做什麼。

飼主帶著家裡的寶貝來求醫，心裡焦急、滿懷疑問，身為獸醫師，治療病患是我們的職責，但照顧飼主的心情、用飼主能夠理解的方式解釋病情和治療計畫，也是一件很重要的事情，因為在治療動物的路上，飼主一直都是我們的戰友。

這本書集結了常見的臨床獸醫問答，有別於獸醫教科書上死板的知識，更多的是身為飼主會產生的疑問，因為別人的問題通常也會是您的問題，所以透過這些問答，可以讓您在照顧家中動物時，察覺動物的異狀，並在就診之前，有一些基礎知識，希望這本書可以給予各位飼主幫助。

原典動物醫院院長

FOREWORD III [推薦序三]

　　很榮幸能受邀為這本寵物知識新作寫序，我跟葉士平醫師已經認識十餘年，大學同窗時期，士平就一直是班上最熱心助人且勤奮好學的書卷獎常客。不論是本科課業、社團活動、班上讀書會、課外醫院實習等，無一不擅長，早早就註定了今天葉醫師豐富的斜槓獸醫人生。

　　對同樣身為臨床獸醫師的我而言，深深了解為毛孩家長進行衛教及提升照護觀念的重要性，無奈繁重的臨床工作常常讓人分身乏術，只能偶爾在醫院粉絲專頁寫寫醫療相關文章，做衛教推廣，無法像這本書一般，完整將飼主們最需要知道的觀念及最常見的問題匯集成冊，相較之下高下立判，實為汗顏。不過今天由葉醫師完成此大作，身為同學的我實在也是與有榮焉。

　　處於當今資訊爆炸的時代，許多寵物知識相關問題只要問問 Dr. Google 立刻就可以得到上百個答案，無奈內容好壞參差、良莠不齊。甚至有時候在看診時，被飼主拿著網友意見來質疑醫生醫療行為時，也經常令人啼笑皆非。因此，由專業獸醫師編撰及彙整的基本照護知識，絕對是最具有公信力及參考價值的瑰寶。

　　葉醫師在獸醫臨床工作領域已經是專家等級，而《動物醫生診療室》這本書不但提出了獸醫在門診過程中最常被問到的問題，且每個回答都是與各領域專家切磋、討論後，以最深入淺出且易讀的方式呈現出來的結果。相信大家從一開始閱讀就會感到意猶未盡，而看完這本書之後，也必會以擁有這些豐富的毛孩相關知識而自豪。

貝爾動物醫院醫師

翁聲揚

CONTENTS 目錄

CHAPTER 1

新手毛主人入門

BEGINNER'S GUIDE

▨ 傳染病 INFECTIOUS DISEASE

▨ 皮膚 SKIN

▨ 呼吸道 RESPIRATORY TRACT

腎臟 & 泌尿 KIDNEY & URINARY

▨ 心臟 CARDIOVASCULAR

▨ 血液 HEMATOLOGIC

內分泌 ENDOCRINE

生殖 REPRODUCTION

新手毛主人入門

BEGINNER'S GUIDE

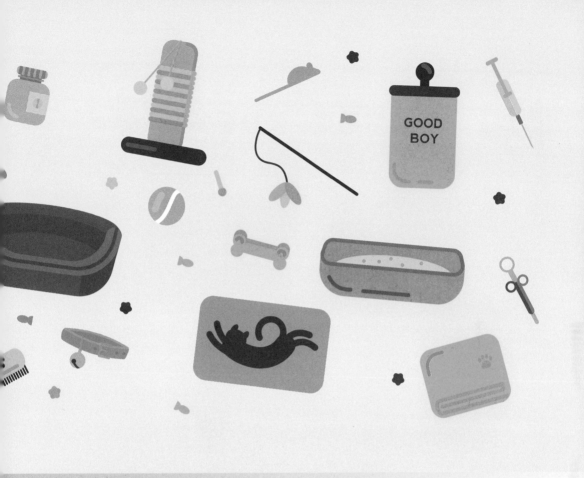

　　毛主人不可不知的基礎照顧知識，帶你從水分、熱量、體重、體溫
等方面，認識毛孩的日常所需，讓你持續把關毛孩的健康狀態；

　　帶你了解 X 光、CT 電腦斷層檢查、氣體麻醉、液體麻醉等診療常
用語，建立與動物醫生的溝通語言。

正常毛孩一天需要多少水分？

　　水分對於維持身體正常的機能運作非常重要，也是身體新陳代謝、產生能量的過程中，很重要的一個介質，如果身體的水分不足，血液就難以將各種重要的物質供應到身體的各個角落，進而會影響身體的代謝，使得身體機能無法正常運作。

　　水分的來源主要來自於食物本身所包含的水分，以及毛孩喝水所攝取到的水分，這些水分會在身體代謝的過程中被消耗，剩下的大部分就由尿液排出。

　　健康的中型犬依體重每公斤、每天大約會需要 50 ～ 60 毫升的水分，例如：10 公斤的狗狗一天大約會需要 600 毫升的水分，而一天產生的尿液量則大概是每公斤體重 20 ～ 40 毫升。毛爸媽必須提供毛孩足夠的水分攝取，才能避免他們因水分不足而生病。🐾

正常毛孩一天需要多少熱量？

　　身體必須要將吃下去的食物消化、分解成各種營養素，再經由代謝將這些營養素轉化成熱量，提供毛孩身體活動所需要的能量。而毛孩身體所需要的熱量也會依照他們體型大小、活動量、胖瘦程度的不同而有所差異。狗狗一天所需要的熱量可以透過公式來計算一天休息時的最低能量需求（RER）。🐾

以一般中型犬來說，如果一整天都在休息，最低所需的能量大約至少是 RER = 30× 體重（kg）+ 70 kcal。

以 20 公斤的狗為例，30×20 + 70 = 670，代表即使他一天完全都不活動，也最少需要 670 大卡才能維持身體機能運作，不過這個公式只適用於中型犬，對於小型犬種就會比較不準確。

如果是小型犬的話就會建議用另一個公式 RER = 70× 體重（kg）的 0.75 次方。也就是說，如果是一隻 1.36 公斤的小型犬的話，他一天的最低能量需求就大約是 70×（1.36 kg）$^{0.75}$ = 88 kcal。

不過要注意的是，這邊 RER 說的是就算一天完全不活動，也會消耗掉的最低熱量需求，也就是熱量的供給絕對不能低於這個數字，但其實狗狗是不可能完全不活動的，尤其幼犬的活動量大又正在發育，身體所需要的能量也勢必遠大於這個最低需求，因此幼犬、幼貓一天所需的能量可能會是 RER 的 2 ～ 3 倍，而一般成犬為了滿足一天活動所需，也至少需要 RER 的 1.8 倍，如果是需要辛苦工作的工作犬，甚至會需要 RER 的 4 ～ 8 倍之多。

除了健康的狗狗之外，生病的狗狗在不同疾病狀況下也可能會需要更多的能量，因此就會需要乘上各種倍率，如果只給予 RER 的能量，絕對是遠遠不夠的。

由於 RER 的計算實在遠低於正常活動所需，而因應不同狀況去乘上不同數字又相當麻煩，因此也有其他文獻提供了另一個公式：狗狗一天所需的水分和熱量可以用 132× 體重（kg）的 0.75 次方來計算；而貓貓一天所需的水分和熱量則可以用 80× 體重（kg）的 0.75 次方來計算。這個公式計算出來的水分和熱量能夠滿足毛孩大多數身體狀況的需求，使用起來會簡單許多。🐾

有沒快速簡單的方法可以知道我家毛孩一天所需要的熱量和水分呢？

由於體重的 0.75 次方不容易速算，我在這邊提供一個大概的對照表給毛爸媽，方便快速參考不同體重的毛孩所需要的水分和熱量，雖然因應不同體型、身體狀況還是會有所差異，但大致上只要不低於這個表格上的數字即可。

如果想要更詳細準確，還是要帶毛孩去看醫生，由專業的動物醫生評估之後再給予建議，才會最符合家中毛孩的需求。🐾

毛孩小知識

🦴 這裡所列的體重是以毛孩正常體態的體重來計算，如果毛孩有過胖或過瘦的問題，就需要先估算他們理想體態的體重，才可以套用此表。

🦴 超過 5 公斤的貓貓很多都有過胖的問題，請諮詢家庭醫生，以評估最適合他們的水分和熱量。

體重（kg）	狗 熱量（kcal）或水分 (ml)	貓 熱量（kcal）或水分 (ml)
1	132	80
2	214	135
3	285	182
4	348	226
5	407	268
6	463	307
7	515	344
8	566	
9	615	
10	662	
11	707	
12	752	
13	795	
14	837	
15	879	
20	1075	
25	1256	
30	1427	
35	1590	
40	1746	
45	1896	
50	2041	

不同體重毛孩一天所需的水分和熱量表

毛孩的身材怎樣算太胖？
怎樣算太瘦？

　　現在的狗狗和貓貓幾乎都受到主人百般呵護，集萬千寵愛於一身，不僅衣食無虞，正餐之外，還會額外買很多零食給他們吃。有些貓貓吃的是自助餐，如果貪吃一點、懶惰一點、不愛玩的話，可能每天真的就是吃飽睡、睡飽吃，也因此毛孩跟人類一樣，有一個很常見的文明病，那就是肥胖。

　　那麼，毛孩體重多少會算是太胖呢？事實上，由於每個毛孩的品種不同，骨架大小差異很大，所以沒有一個統一的體重數字來作為判斷依據，動物醫生通常都是用體態評量分數（Body condition score, BCS）來判斷並記錄毛孩的身材有沒有走樣。

　　體態評量分數將毛孩的胖瘦程度分為 5 個或 9 個等級，現在一般大多使用 9 個等級的分法，因為可以記錄得比較詳盡。評分的級數是以最瘦為 1 分，最胖為 9 分，而理想的身材大約是落在 4 分或 5 分。

　　以狗狗而言，最理想適中的 5 分身材是肋骨看起來若隱若現的程度，在觸摸肋骨時會覺得稍微隔了一層脂肪，但又不會太難摸到肋骨之間的凹陷。狗狗四腳站立時，如果從上方俯瞰狗狗時，可以看到肋骨後方有明顯的苗條腰身。如果從側面看狗狗，可以看到腹部向上收起，比胸腔略高。

　　而貓貓最理想的 5 分身材，是從外觀看不到肋骨，但如果觸摸則可以輕易摸到。四腳站立時從上方俯瞰可以看到清楚的腰身，側面看過去可以看到腹部微微向上收起，帶有一層少許的脂肪。如果你家毛孩符合前面這段描述的話，恭喜你！他們的身材就是毛孩界的黃金比例，是標準的小鮮肉、小美女。

　　以下兩個表格將詳細介紹狗狗和貓貓的體態分級（參考資料：法國皇家體態分級表）。🐾

圖示	狗狗體態分級	說明
	1 分 (嚴重過瘦)	皮包骨，身上完全沒有脂肪，肌肉明顯不足，從遠處就能看到肋骨、脊椎、骨盆明顯突出。
	2 分 (中度過瘦)	身上摸不到脂肪，肌肉輕微流失，肋骨、脊椎、骨盆的輪廓清楚可見，部分骨骼的輪廓從遠處可見。
	3 分 (輕微過瘦)	腰身明顯，腹部明顯收起，可輕易摸到肋骨，表面沒有明顯脂肪包覆，腰椎和骨盆較明顯。
	4 分 (理想)	肋骨被薄薄的脂肪包覆且容易觸摸，俯瞰可見清楚腰身，腹部向上收起。
	5 分 (理想)	能觸摸到肋骨且無過多脂肪包覆，腰身清楚，腹部向上收起。
	6 分 (超重)	能觸摸到肋骨但包覆的脂肪稍微過多，能看見腰身但不清楚，腹部輕微向上收起。
	7 分 (輕度肥胖)	肋骨被較厚的脂肪包覆不易觸摸，腰部和尾根部有明顯脂肪堆積，幾乎看不到腰身，腹部可能沒有向上收起。
	8 分 (中度肥胖)	肋骨被非常厚的脂肪包覆，除非很用力否則無法摸到，腰部和尾根部有大量脂肪堆積，沒有腰身，腹部沒有向上收起，可能可見腹部凸出。
	9 分 (嚴重肥胖)	胸壁、脊椎、尾根部有大量脂肪堆積，頸部和四肢也有脂肪堆積，完全沒有腰身，腹部明顯脹大。

圖示	貓貓體態分級	說明
	1 分 (嚴重過瘦)	皮包骨，肌肉很少，肋骨摸不到脂肪，腰部非常凹陷，腹部嚴重扁塌。短毛貓能明顯看到肋骨、脊椎、骨盆。
	2 分 (中度過瘦)	肌肉流失，肋骨摸不到脂肪，腰部凹陷，腹部明顯收起。短毛貓能明顯看到肋骨。
	3 分 (輕微過瘦)	腰身明顯，腹部脂肪很少，腹部明顯收起。短毛貓能看到肋骨。
	4 分 (理想)	看不到肋骨但能輕易摸到，腰身明顯，有少量腹部脂肪。
	5 分 (理想)	比例良好，看不到肋骨但能輕易摸到，腰身明顯，有少量腹部脂肪，腹部輕微收起。
	6 分 (超重)	看不到肋骨但還摸得到，腰身較不明顯，腹部非常輕微收起。
	7 分 (輕度肥胖)	肋骨被較厚的脂肪包覆不易觸摸，幾乎看不到腰身，腹部沒有向上收起，腹部看起來較圓。
	8 分 (中度肥胖)	肋骨被厚實的脂肪包覆而無法摸到，看不到腰身，腹部輕微脹大。
	9 分 (嚴重肥胖)	肋骨被非常厚的脂肪包覆而無法摸到，完全沒有腰身，腹部明顯脹大，大量脂肪堆積。

毛孩胖胖的不是很可愛嗎？
有什麼關係？

肥胖對於身體有很多的危害，首先最明顯的就是關節的負擔會變得很重，四隻腳很容易受傷或關節發炎，而造成疼痛跛行。老年狗貓的關節本來就容易有退化性關節炎，如果再加上肥胖，他們可能連站起來都是一件很困難的事，因此有些肥胖的狗貓乾脆不想動，但這樣就會造成越來越肥胖的惡性循環。

另外，跟人類一樣，肥胖也很容易導致內分泌的問題，而最常見的問題就是糖尿病。糖尿病會造成血糖控制混亂、多渴多尿、脫水，甚至嚴重時會併發酮酸血症，造成生命危險，就算可以穩定下來，也需要每天打胰島素，是照顧起來非常辛苦的一種慢性病。

以公貓來說，肥胖容易導致他們有尿道阻塞的問題，這也是有可能會威脅他們生命的重大疾病。很多小型犬有氣管塌陷的問題，肥胖可能會進一步地壓迫氣管造成他們容易咳嗽或者呼吸困難。當然，肥胖對心臟來說也會造成負擔，因此對於患有心臟病的狗狗也是很不好的風險因子，所以作為毛爸媽的我們，應該盡量幫毛孩控制在理想的體重，不要讓他們有過胖或過瘦的問題。

肥胖是毛孩和人類都很常見的文明病，而要保持毛孩的體態良好，平時就應該注意熱量的控制。只要是購買市面上大品牌的乾飼料或主食罐頭，通常包裝上都會寫明幾公斤的體重建議吃多少量，毛爸媽應該盡量按照建議的量餵食，不要因為毛孩討食就不斷加量，甚至無限量供應。

很多零食都含有不少熱量，所以要小心毛孩因吃太多零食而發胖。如果是已經過胖想減肥的毛孩，可以嘗試慢慢減少食量，例如：減少 20% 的餵食量，或者向動物醫生諮詢是否適合改吃減肥處方飼料。減肥處方飼料通常含有大量纖維，可以提供毛孩飽足感，促進腸胃蠕動，改善討食的問題，又不會增加熱量負擔，是相當不錯的選擇。🐾

毛孩正常體溫是多少？

人類會因為不同的測量方式而有不同的體溫正常範圍，腋溫、耳溫、額溫的正常值都不太相同，而狗貓的體溫測量則通常以肛溫作為統一的測量標準，相對就單純許多。

狗貓正常體溫在不同文獻上的正常範圍有些許差異，不過一般來說，體溫在 38 ～ 39 度 C 之間都算是正常的，超過 39.5 度 C 就算是太高；而低於 37.5 度 C 就算是太低。🐾

毛孩體溫太高就是發燒嗎？

在動物醫生的日常門診當中，毛孩體溫過高的狀況會比體溫過低來的常見。最常遇到的狀況就是因為緊張而導致的體溫過高，有些比較怕生的毛孩第一次來診所時，因為是陌生的環境，常會嚇得皮皮挫，一直發抖而導致體溫升高。也有些貓貓把自己縮成一團躲在外出籠裡面，因為緊張加上籠內空氣不流通，所以很容易量起來體溫過高。遇到這種狀況，我們通常會請毛爸媽抱著毛孩在通風的室內坐著休息，讓他們稍微冷靜一下，如果是密閉診間，也可能讓毛孩自己在診間內逛逛，熟悉一下環境，等情緒放鬆之後再量。

另一種常見體溫過高的情況，是才剛開心地跑完步就馬上量體溫，或是

大熱天走到醫院來，也可能造成量到的體溫偏高，這種狀況也要等他們休息一下，吹吹冷氣之後再重新測量。

如果毛孩真的是在冷靜狀態下仍然持續的體溫過高，就可能有發燒的現象。發燒通常是身體正在發炎的表現，不管是感染或非感染的情況都有可能。幼年狗貓發燒通常都是感染的問題，尤其是病毒感染，狗狗的病毒感染，例如：病毒性腸炎、犬瘟熱等等；而貓貓的病毒感染，例如：傳染性腹膜炎、貓瘟等等，都是常見造成發燒的病毒性疾病。而細菌感染的狀況則例如：肺炎、鉤端螺旋體感染等等，都可能造成發燒。

如果母貓、母狗沒有絕育，反覆地發情有可能造成子宮蓄膿、細菌大量繁殖，也會造成明顯發燒，甚至演變成敗血症。而除了前述這些感染的問題之外，有些非感染造成的發炎也可能導致發燒，例如：胰臟炎就是胰臟的消化酵素滲漏造成的腹腔、甚至全身發炎，這種疾病雖然不是感染的問題，但也可能造成明顯的發燒。

發燒其實是身體的免疫系統內建的一種保護機制，正常而言，身體在健康時，腦部的體溫中樞應該會將體溫維持恆定；然而，當身體受感染或出現異常時，免疫系統就可能重新設定並將體溫拉高，藉以幫助抑制細菌病毒的繁殖，幫助免疫細胞殺滅病原。

所以遇到發燒的情況，動物醫生通常不會第一時間就開退燒藥，而是應該要找到發燒的根本原因，用抗生素或其他藥物幫助免疫系統對抗病原，自然就能慢慢退燒。而輸液治療，也就是俗稱的打點滴，可以藉由將液體注入身體來達到緩慢降溫的效果，同時補充身體需要的大量水分，不論是對於感染或非感染造成的發燒，都能有效幫助身體新陳代謝、幫助免疫系統作戰，也是動物醫生常常會給予的支持療法之一。

如果發現毛孩摸起來體溫明顯升高，或開始有不適的症狀，甚至已經失去活力、沒有食慾的話，一定要儘快帶去動物醫院就診，以免錯過治療的黃金時機。🐾

毛孩如果體溫太低，是什麼問題呢？

一般來說，狗貓的體溫如果低於 37.5 度 C 就算太低，那麼為什麼毛孩的體溫會過低呢？有些毛孩體溫可能天生就比別人稍微偏低一點點，如果從小到大每次量體溫都只是低了 0.1 ～ 0.3 度 C，但毛孩的活力和食慾都非常正常的話，通常就不需要太擔心。

還有一些情況是毛孩的內分泌出了問題，例如：甲狀腺素分泌不足，也就是甲狀腺機能低下症（Hypothyroidism），罹患這種疾病的毛孩全身的新陳代謝會變得緩慢，容易有心跳緩慢、怕冷的狀況，且體溫容易比健康毛孩來得低，爸媽也會發現他們比較喜歡鑽被窩取暖，或者窩在暖氣前面。不過，通常甲狀腺機能低下造成的低體溫也不會比正常低太多，大部分都還能維持在 37 度 C 以上。

如果是比正常低很多的低體溫，通常就是比較嚴重的情況了。1、2 個月大以前的幼犬、幼貓就好像人類的嬰兒一樣，胃容量很小，所以需要少量多餐，幾個小時就要吃一餐，如果太久沒有吃飯的話，很容易就會出現低血糖的問題。輕微的低血糖可能只是稍微無力，但嚴重低血糖的小朋友可能就會出現低體溫、昏迷，甚至癲癇的症狀，如果沒有趕快補充血糖，就會有立即的生命危險，這時的低體溫就是非常重要的警訊了。

除了低血糖之外，低血壓也會造成體溫過低。嚴重脫水或者大出血的動物，由於全身循環血量不足，無法維持足夠的血壓把血液送到全身，自然也就沒辦法維持正常的體溫，還有一些重病的動物由於太過虛弱，也會出現低血壓的問題，使得體溫無法維持。

還有一些嚴重發炎、感染的情況，例如：敗血症等等，除了會引發低血壓、低血糖之外，還有可能影響維持體溫恆定的中樞，使得身體無法正常調節體溫，這也是造成低體溫的重要原因。這些情況的低體溫都表示身體的狀況非常差，而且通常都是威脅生命的重大疾病，千萬不能輕忽！🐾

醫生說我家狗狗脫水很嚴重，什麼是脫水呢？

　　脫水指的是身體的水分不足，有可能是毛孩攝取的水分不夠，例如：毛孩可能因為食慾不振而不肯喝水，或是食物太過乾燥、沒有提供充足的水源等等。相較於狗狗來說，很多貓貓天生就不愛喝水，所以如果平常主要都吃乾飼料而沒有搭配濕食的話，就要特別注意他們的喝水量，確保他們一天的水分攝取有達到前面表列的需求。（註：詳細內容請參考頁數 P.19。）

　　除了水分攝取不足之外，其實最常造成毛孩脫水的原因是：身體的水分流失過多，例如：身體的內分泌或腎臟出了問題而造成尿液製造過多，當喝水的量追不上尿液流失的水量，就會造成脫水。

　　另一個很常見的原因就是腸胃道的水分流失，例如：嘔吐或拉肚子會讓本來應該好好被吸收的水分一下子大量流失，如果吐拉得很嚴重，喝進來的水都沒有辦法被腸胃吸收到身體裡面，就會造成脫水。

　　呼吸造成的水分流失，是另一個很常被忽略的原因，例如：發燒、中暑，或因為呼吸道疾病嚴重喘氣的狗狗，都有可能在不經意的情況下藉由呼出的水氣而流失大量水分。

　　還有一種水分流失的途徑是經由皮膚，例如：人類可能會因為流汗而流失大量水分，但由於狗貓的汗腺通常只局限在腳墊上，會排出的水分非常少，所以通常不會因此而造成脫水。但如果他們因為意外造成大面積的燙傷，就有可能從皮膚傷口滲出大量的液體而演變成脫水。

　　還有一種水分流失的途徑是比較不容易被發現的，就是胸腔或腹腔內積液造成的水分流失，我們稱為「第三體腔的體液流失（Third-space fluid loss）」。在這種情況下，毛孩可能有大量的體液異常地蓄積在胸腔或腹腔內，因而形成胸水或腹水。雖說是液體蓄積，但這些液體已經離開毛孩的血管系統，為無法被身體器官運用的水分，所以也算是水分的流失，如果水分一直從這個途徑流失而沒有補充的話，也會造成脫水的問題。🐾

我該怎麼知道毛孩脫水呢？

　　動物醫生在門診見到毛孩的第一件事情，一定是先做基本的理學檢查，包含聽診、觸診，以及毛孩身體水分狀態的評估等等。我們怎麼知道毛孩到底是不是脫水了呢？其實可以藉由下表所列的症狀來判斷他們是否脫水，並區分脫水的嚴重程度。

脫水量占體重的 比例（%）	症狀說明
＜ 5%	無法藉由理學檢查發現。
5 ～ 6%	皮膚的彈性輕微變差。
6 ～ 8%	皮膚的彈性明顯變差、微血管回血時間輕微延長、眼球可能輕微凹陷、黏膜可能乾燥。
10 ～ 12%	皮膚完全失去彈性、微血管回血時間明顯延長、眼球明顯凹陷、黏膜明顯乾燥、可能出現休克症狀（心跳加速、四肢冰冷、脈搏微弱）。
12 ～ 15%	明顯休克症狀、可能失去意識、進入瀕死狀態。

毛孩脫水很危險嗎？需要立刻看醫生嗎？

脫水可以分成急性和慢性的脫水，如果突然很頻繁地嘔吐、腹瀉，一天吐拉十幾次，就容易造成急性脫水；而如果是腎臟或內分泌疾病造成尿量慢慢增加，喝水量慢慢追不上流失的速度，經過幾個星期甚至幾個月慢慢演變而來的脫水，就稱為慢性脫水。

一般來說，急性脫水對身體的危害比較大，因為身體來不及適應，如果短時間內大量的水分流失，就有可能使身體的循環血量不足，而突然造成休克；慢性脫水由於時間拉得比較長，身體有時間慢慢適應，所以症狀有時比較不明顯，可能就容易被忽略，以為毛孩只是年紀大所以精神比較差等等。但慢性脫水如果很嚴重，還是會有重大的危害，一定要儘快處理。

如果毛孩出現嘔吐、拉肚子的情況，毛爸媽並不需要因為他們腸胃不適就禁止他們飲食，有時反而可能因為不讓他們喝水而惡化他們脫水和電解質不平衡的情況。同樣地，如果發現他們變得比較愛喝水，也可能是因為毛孩身體的大量流失水分，使得毛孩想要多喝水來補充，因此並不需要特別限制他們的飲水量。

不過有些毛孩可能因為吐拉得太嚴重，導致喝下去的水分完全無法經由腸胃吸收，這時就會需要用打點滴（輸液治療）的方式，經由血管或皮下組織直接幫助他們吸收水分，以改善脫水的狀態。

雖然脫水的毛孩需要補充水分，但補充的量也需要仔細評估、謹慎拿捏，有時如果補充的水分過多，可能反而造成他們身體的水分過剩，進而演變成胸腔積液、肺水腫或皮下水腫等等，反而造成新的問題，讓他們更不舒服。

所以，只要出現上述脫水的症狀，都應該要儘快帶他們去看醫生，並接受動物醫生的專業評估，才能選擇對他們最好的治療。🐾

我看今天中午天氣很好，就帶了我家的黃金獵犬去河濱公園跑步，但是他玩了半小時之後突然就倒在地上喘氣，怎麼會這樣？

　　每年夏天，動物醫生常常會遇到的急診問題就是中暑，或稱「熱衰竭」。比起貓貓，中暑更常發生在狗狗身上，因為大多數家養的貓貓不太會在戶外劇烈運動，但狗狗就很常出去戶外跑跳，一個不小心就可能發生意外。

　　因為台灣天氣炎熱，尤其夏天在北部更是非常悶熱，所以如果讓毛孩在白天太陽很大時到戶外玩耍，很容易就會不小心中暑。尤其大型犬種，例如：黃金獵犬、拉布拉多等等，通常一玩起來就會太嗨而忘記休息，很容易玩個半小時就中暑倒地。而巴哥、鬥牛犬等短吻犬種由於本來呼吸就不順暢，運動時的呼吸會更加困難，也是很容易中暑的品種。

　　中暑的症狀包括身體嚴重發熱、喘氣、流口水、舌頭牙齦發紅（也可能發白）、嘔吐或拉肚子等等，有時甚至可能吐血、拉血，或者暈倒失去意識等等。不幸中暑的狗狗體溫通常都非常高，超過 40 度 C 甚至 42、43 度 C 都有可能。而高溫的血液充滿全身，除了會讓大腦失去意識之外，也會傷到心臟、肝臟、腎臟等等重要的內臟，因此如果高溫的狀況持續太久，就有可能造成嚴重的傷害，並演變成多重器官衰竭而導致毛孩死亡，非常可怕！🐾

要怎麼做才能預防毛孩中暑呢？

　　要避免中暑，就應該避免在炎熱的天氣帶毛孩到戶外，也要避開白天時間出門，選擇清晨、傍晚或夜晚比較涼爽的時間出去散步，散步時最好也要隨時補充大量水分，以免他們因太熱而脫水。有些生長在寒冷區域的長毛犬種，例如：哈士奇、藏獒等等，因為他們的毛又長又厚，本來就不適合生活在台灣，所以這些品種更要注意中暑的危險，夏天時最好將毛剃短，幫助散熱。

　　如果不幸中暑，搶救的關鍵就是要趕快降溫，且發生中暑時要趕快將狗狗移到陰涼處，如果是長毛的狗狗最好立刻剃毛以免影響散熱。另外，可以用大量的冷水淋在中暑的狗狗身上，並同時開冷氣和風扇，利用水分蒸發帶走身體的熱，然後趕快送醫。這邊要注意的是，冷水的溫度不可以太冰，如果直接用冰水淋濕，會造成周邊血管收縮，使得高熱的血液蓄積在中央的內臟而無法將熱散出，反而會適得其反。

　　緊急就醫之後，動物醫生會繼續用各種方式協助毛孩散熱，同時給予快速、大量的靜脈輸液，補充水分並帶走熱能。另外，也會幫他們抽血做檢查，確認內臟器官有沒有急性損傷，或者血液電解質、酸鹼值是否異常等等。

　　如果順利將體溫降下來，狗狗可能就會漸漸恢復意識，慢慢回到正常狀態，但是這時仍然不能掉以輕心，因為前面造成的內臟傷害有可能不會立刻表現出來，最好還是要住院幾天觀察他們身體的變化。而如果順利出院，保險起見，最好能在 1 週後重新檢驗一次各種內臟功能指標，確保沒有造成潛在的傷害或後遺症。🐾

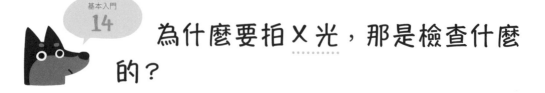

為什麼要拍X光，那是檢查什麼的？

　　X光是非常方便的影像診斷工具之一，幾乎大部分的動物醫院都有提供X光檢查的服務，對於毛孩醫療的方向，可以提供非常豐富的資訊。

　　X光的影像相信大家都不陌生，它是用放射線穿透身體來看到內部的器官。而X光最常用來檢查胸腔、腹腔和骨骼，以下簡述X光在不同部位可以提供的資訊。

SECTION 01 胸腔X光

　　心臟、肺臟、氣管、支氣管、食道等等都位於胸腔，如果狗狗有心肺的相關問題，通常X光是一定要做的標準檢查之一。胸腔X光可以判斷心臟的大小、形狀；重要血管，例如：大動脈、大靜脈有沒有變粗或變細；肺臟有沒有發炎、水腫、塌陷、團塊；肺臟的血管有沒有充血、扭曲或變細等等；氣管、支氣管有沒有塌陷、發炎等等。除了心肺問題之外，也可以檢查食道有沒有異物；胸腔內的淋巴結有沒有腫大；橫隔膜有沒有疝氣等等。還可以判斷胸腔內有沒有異常的胸水或氣胸，肋骨有沒有斷裂或團塊。

SECTION 02 腹腔X光

　　腹腔內比較大的器官都可以透過X光來檢查它們的大小、形狀、輪廓，以及有沒有異常的團塊、結石、鈣化等等，還可以檢查腸胃道的排列，有沒有明顯的扭轉、異物、阻塞等等。另外也可以判斷腹腔內有沒有異常的積水或積氣。

SECTION 03　骨骼 X 光

　　骨骼部分最常用 X 光來檢查有沒有骨折、脫臼或錯位等等，也可以檢查骨髓腔內有沒有發炎，骨頭本身有沒有腫瘤，或者一些皮下腫瘤有沒有侵蝕到骨骼等等。另外還有關節疾病的評估，例如：關節發育是否正常；有沒有退化、發炎；關節軟骨有沒有剝落等等。如果是針對脊椎拍攝，就會額外注意椎間盤是否狹窄；有沒有異常的結構壓迫脊髓；脊椎的發育有沒有畸形；排列有沒有錯位等等。

SECTION 04　牙科 X 光

　　除了常見的拍攝部位之外，有些動物醫院也會提供牙科 X 光的檢查。牙科 X 光可以檢查外觀看不到的牙根和牙周疾病，例如：齒槽骨有沒有被細菌破壞；牙根周圍有沒有化膿；牙周韌帶是否健康等等。如果毛孩有接受拔牙手術，手術後的牙科 X 光還可以確認牙根是否已被拔除乾淨，對於動物牙科的診療是非常重要的一項工具。

SECTION 05　頭部、頸部 X 光

　　由於頭部骨骼的排列有很多重疊的部分，所以能透過 X 光看清楚的資訊反而比較少。最常用於車禍或墜樓的病患，以檢查頭部有沒有骨骼的創傷。另外也可能會用來評估鼻腔內有沒有腫瘤或感染；中耳、內耳有沒有發炎、團塊等等。而頸部的 X 光主要檢查氣管有沒有塌陷；食道有沒有異物；咽喉部有沒有異常的團塊等等。頸椎的疾病也會透過頸部 X 光來檢查。🐾

拍 X 光會不會太多輻射讓毛孩致癌？會不會很危險？

　　動物醫生會根據毛孩疾病的狀況，來決定是否需要拍攝 X 光，毛爸媽只要配合醫生的指示即可，所以不用太擔心。

　　有些毛爸媽擔心 X 光的輻射會影響毛孩的健康，但實際上動物用的 X 光劑量非常低，而且由於毛孩天生的壽命不像人類這麼長，放射線對他們的長遠影響在他們有生之年幾乎是不會出現的，所以 X 光對他們來說可以算是非常安全的檢查。反倒是操作 X 光的人員會需要穿著全套防護的鉛衣，如果毛爸媽有需要在 X 光室內協助的話，也務必要做好防護。

　　X 光拍攝的是單一方向的平面影像，所以標準都至少要拍兩～三個方位才能看清楚毛孩的立體結構，否則非常容易誤判結果。另外，不管毛孩的體型大小如何，每個部位的 X 光都要盡量分開拍攝，才能得到比較清楚的影像，千萬不要為了節省費用而拒絕醫生的建議。

　　有些毛孩非常容易緊張，在拍攝時可能會掙扎或喘氣而造成影像模糊無法判讀，此時動物醫生可能會建議給予鎮靜之後再拍攝。輕微的鎮靜不只可以減少失敗的次數，以及不必要的輻射暴露，也可以讓毛孩不要這麼緊張，又能得到正確且清晰的影像。雖然可能會有一些鎮靜相關的風險，但只要在良好的監控之下，風險都是可以被控制在可接受的範圍內，因此為了能夠正確診斷毛孩的疾病，拍攝 X 光是非常值得的。🐾

醫生建議我家寶貝做 CT 電腦斷層檢查，可是好像很貴，真的有需要嗎？

電腦斷層檢查的儀器設備非常昂貴，至少都要上千萬的成本才能設置，而每個月的保養和維修可能都要花掉超過十萬元，占地面積又大，是非常高階的影像檢查工具。過去只有在人醫的大型醫院才能提供這樣的檢查服務，不過近年來也有越來越多的大型動物醫院引進電腦斷層掃描的設備，讓毛孩也能享受到和人類醫療同等級的高階檢查，可以說是毛孩的一大福音。

電腦斷層掃描是什麼呢？我們在前面提過，X 光是單一方向的平面影像，每一張 X 光片只能提供某一個角度的視野，雖然我們會拍攝多張不同角度的 X 光片來分析立體結構，但畢竟還是有點像盲人摸象，有些角度還是沒辦法在 X 光片上呈現出來，所以常常還是會有一些微小病灶被遮住而沒有被發現。

電腦斷層的好處就是能提供幾乎沒有死角的立體攝影，用電腦斷層掃描的影像，可以讓動物醫生進行 720 度的旋轉，從各種不同角度檢查身體內的器官結構，也可以透過電腦軟體來重建 3D 立體模型，對於診斷和治療都有極大的幫助。

電腦斷層掃描現在已經越來越普及，價格也在慢慢降低，但對於毛爸媽來說還是一筆不小的數目，加上這個檢查可能會需要麻醉或鎮靜，往往讓很多毛爸媽卻步。不過，由於這個檢查能提供的診斷資訊實在太豐富了，已經成為很多疾病診斷的黃金標準，因此如果主治的動物醫生認為毛孩需要做這個檢查，我還是會非常建議毛爸媽不要卻步，早期診斷，做好詳細的治療規劃，才不會延誤病情，也不會讓毛孩白白受苦。🐾

什麼狀況會需要做電腦斷層掃描呢？

電腦斷層掃描對於外科手術的規劃是非常重要的，例如：腹腔內如果有很大的腫瘤，我們就需要知道腫瘤侵犯的範圍有多大、有沒有轉移；手術時需要從哪裡下刀、需要處理哪些器官、會不會有大出血的可能等等。

這些問題在沒有電腦斷層掃描的年代，可能只能靠外科醫生在手術中隨機應變來處理，但如果有電腦斷層事先做好規劃，就可以大幅降低手術的風險、減少出血的機會、降低復發的機率，也可以在手術前評估手術成功的機率，避免毛孩白挨一刀。

除此之外，有一些血管的先天畸形，例如：肝臟門脈分流等疾病，在 X 光或超音波上可能會被很多周邊的器官遮住而看不到，但在電腦斷層上可以透過造影劑的輔助，加上 3D 立體影像的重建，清楚看到異常血管的走向和分支，如果有多重畸形也能一次檢查清楚，進而評估手術的可能性和適合的治療方法，大幅提升手術成功的機率，減少復發的機會。

胸腔內的疾病也常常需要電腦斷層掃描，例如：肺臟內的小團塊或血栓、肺葉的塌陷或局部病變，在 X 光上可能因為解析度不足或跟其他器官的影像重疊而無法診斷，這時使用電腦斷層掃描就可以避免死角、讓疾病無所遁形。

椎間盤的問題也很常用到電腦斷層掃描，尤其是臘腸狗這類好發椎間盤突出的犬種，在 X 光上不見得能夠清楚判斷脊椎神經受到壓迫的位置，但是透過電腦斷層掃描，就能很快知道哪裡出了問題，並搶在黃金時間內緊急手術，救回他們的神經。

還有一些墜樓或車禍造成的複雜性骨折，由於骨頭的碎片四散，要將他們拼接起來回復到原本的位置會非常困難，這時如果有 3D 立體的電腦斷層影像幫忙，骨科醫師就能快速地找到所有的拼圖碎片，並且規劃好要怎麼復位，既能縮短手術時間，又能增加手術的成功率，對毛孩來說是非常有幫助的。🐾

什麼是鎮靜？鎮靜跟麻醉有什麼不一樣呢？

有時候我們在帶毛孩就診的過程中，動物醫生可能會建議要幫毛孩打鎮靜劑，讓醫生能夠執行進一步的檢查或治療。而所謂的「鎮靜」是什麼意思呢？我們可以把鎮靜當作是一種輕度的麻醉，不同程度的鎮靜可以達到以下的不同效果。

🦴 鎮靜程度表

輕微鎮靜
緩解毛孩的焦慮，並讓毛孩脫離緊繃、警戒的狀態，但不影響毛孩對外界的感知能力。

中度鎮靜
使毛孩的意識變得遲鈍，有點像是喝了酒微醺的狀態。此時毛孩對於外界的刺激包括聲音和觸碰都還是會有反應，身體的神經反射及心臟血管的功能都不受影響。

重度鎮靜
使毛孩的意識進入淺眠狀態，對於外界的刺激失去知覺，但對於重複或明顯的疼痛可能還是有些許反應。部分的神經反射可能被抑制，但心血管功能不受影響。

全身麻醉
毛孩完全失去意識，大部分的神經反射也被抑制，無法控制身體的活動，對於手術的疼痛完全沒有感覺。

由前面的描述我們可以知道，鎮靜是達到麻醉之前的一種意識模糊的狀態，有點像是喝醉酒的過程。當我們只是小酌兩杯的時候，可能會覺得心情開始放鬆，可以消除一整天的壓力、拋開所有的煩惱。當喝到微醺時，走路可能開始不穩，此時會覺得心情愉悅，甚至有喝酒壯膽的效果。但如果沒有節制，到最後就會喝掛、醉倒在地，也就類似於重度鎮靜甚至麻醉的效果。🐾

為什麼動物醫生要幫我家毛孩打鎮靜劑呢？

很多毛孩在來到醫院時都非常緊張，可能會全身發抖、肌肉緊繃，處於高度警戒的狀態，尤其當動物醫生要觸碰他們，並開始檢查身體時，毛孩更有可能會不斷掙扎，甚至出現攻擊的行為。

對於這些過度緊張的毛孩，不論是狗狗還是貓貓，如果能夠給他們一點輕微的鎮靜藥物，就像請他們喝杯小酒一樣，可以讓他們很快地放鬆心情、解除戒備，輕鬆愉快地接受檢查及治療，所以很多時候鎮靜對毛孩來說是非常有幫助的。

舉例來說，很多毛爸媽自己都有做胃鏡檢查的經驗，醫生通常會讓你選擇要做無痛胃鏡還是一般胃鏡，相信有經驗的人大多數都會選擇做無痛胃鏡，因為如果在清醒狀態接受胃鏡檢查，咽喉的反射會讓你一直不斷作嘔，而且胃鏡在胃裡的動作也可能會讓你覺得胃部疼痛或不適，導致整個過程非常不舒服，而你也會一直處於全身緊繃的恐懼狀態，光是 10 分鐘的檢查過程都會讓你覺得度日如年，非常疲憊。

相反地，選擇無痛胃鏡其實就是給你深度的鎮靜，你會感覺好像睡了一覺檢查就結束了，不僅不會覺得不舒服，甚至好像什麼事都沒發生過一樣。如果緊張的毛孩看醫生也能夠像無痛胃鏡一樣，舒服地睡一覺醒來就完成檢查和治療，對他們來說豈不是一件很棒的事嗎？尤其有些檢查，例如：觸診、X 光或超音波，在緊張或掙扎的狀態下，診斷的準確性都會大幅降低，導致花更多的時間卻只能得到少量不準確的資訊，反而容易延誤毛孩的病情，在這個情況下，鎮靜藥物就是非常必要的。🐾

我聽其他網友說鎮靜很危險，千萬不要隨便讓毛孩打鎮靜劑，這是真的嗎？

　　有些毛爸媽覺得鎮靜很可怕而拒絕讓毛孩接受鎮靜，結果反而讓毛孩必須在非常恐懼的狀態下接受檢查和治療，尤其是脾氣不好的毛孩如果出現攻擊行為，包括醫療人員和毛孩自己，都很容易會在掙扎中受傷，而且整個醫療過程也會拉長好幾倍的時間，反而增加毛孩不好的記憶，在他們心裡留下陰影。

　　而且動物醫生在無法好好檢查及治療的狀況下，包括檢查的準確度和治療的效果都會大打折扣，結果反而事倍功半。尤其如果是清理深層傷口這種比較疼痛的治療過程，不讓毛孩接受鎮靜止痛的話，整個清創過程就會像刮骨療傷一樣不斷地刺痛，對於毛孩來說反而是一種折磨。

　　當然，鎮靜並不是完全沒有風險的。有些病情比較嚴重的毛孩，深度的鎮靜有可能會影響他們的神經反射或心血管功能，造成缺氧或低血壓等等，甚至某些毛孩還可能會出現無法預期的藥物過敏，進而對毛孩造成危險，最嚴重還可能會導致死亡。

　　不過，這種情況的發生率非常低，動物醫生也都會根據毛孩的身體狀況盡可能使用比較輕微的鎮靜來避免影響他們的身體功能，如果毛孩的身體狀況真的不適合使用鎮靜劑，動物醫生當然也不會強迫毛孩冒險。因此只要選擇設備齊全的醫院，以及熟悉毛孩身體狀況的主治醫生，並在鎮靜前做好審慎的評估，其實就一點也不可怕了。🐾

我家老狗最近要做手術，醫生說要先評估麻醉風險才能手術，麻醉到底有什麼風險呢？

全身麻醉（general anesthesia）指的是讓動物進入完全失去意識的狀態，避免動物在手術過程感到疼痛，而動物在全身麻醉的過程中，除了完全失去知覺之外，也無法控制自己的肌肉運動，且大部分的反射動作都會消失，只保留存活必要的動作，例如：呼吸、心跳等等。直到手術結束，身體將麻醉藥代謝排除之後，動物才會慢慢甦醒，並恢復到正常狀態。

毛爸媽只要選擇設備齊全的動物醫院，並由受過完整訓練、經驗豐富的動物醫生來執行麻醉，基本上大部分的麻醉過程都是很安全的。

那麼，為什麼手術前要評估麻醉風險呢？其實是因為在全身麻醉的狀態下，身體的血液循環多少都會受到一些影響，心跳、呼吸都會變慢，血壓也可能會降低，這時如果毛孩身體有一些疾病，就可能在循環變差的狀態下變得更嚴重。以下列舉幾個有關麻醉風險的重點評估器官。

麻醉風險的重點評估器官	
腎臟	腎臟是需要大量血液供應的器官，如果毛孩本身已經有腎臟病，在麻醉狀態下血壓變差，就可能會造成腎臟的血液供應不足，進一步讓腎臟病惡化，嚴重的情況甚至可能造成急性腎衰竭。
呼吸道	呼吸道包含喉部、氣管、支氣管及肺臟等等，健康的呼吸道是確保毛孩能有足夠氧氣供應全身的重要關鍵。如果毛孩已經患有肺癌、肺炎、肺水腫、胸水等等問題，造成呼吸困難，氧氣交換功能變差，此時接受全身麻醉的風險就會大大提高，甚至有可能因為缺氧而死亡。
心臟	患有心臟病的毛孩，平常的血液循環就比較差，在麻醉狀態下可能就更難維持良好的血壓。嚴重的情況下，甚至可能在麻醉中出現心臟衰竭、肺積水等等併發症，造成死亡。

貧血	大部分的手術或多或少都會造成傷口流血，即便有良好的止血設備，身體還是可能會流失少量的血液，因此如果毛孩本來就有嚴重貧血的問題，手術中的失血可能會讓毛孩雪上加霜。 嚴重貧血代表血液中的紅血球不足，無法有效將氧氣和養分運送到全身器官，極端嚴重的情況下有可能會造成多重器官衰竭，甚至死亡。
肝臟	肝臟是身體新陳代謝的重要器官，很多藥物都必須靠肝臟代謝來排除，麻醉相關的藥物也是一樣。如果毛孩的肝臟有嚴重的疾病，造成黃疸甚至肝臟衰竭，此時毛孩身體代謝藥物的能力就會非常差，有可能會導致麻醉甦醒非常緩慢，甚至可能造成藥物過量。

除了前述幾個重要器官之外，毛孩身體還有很多疾病可能會影響麻醉的風險，所以手術前一定要先做好詳細的檢查，才能確保麻醉的安全。肝病、腎病及貧血的問題可以藉由血液檢查得知；呼吸道的問題則可以透過 X 光片來評估；心臟相關疾病則會建議除了 X 光之外，還要加做心臟超音波檢查，才能完整評估心臟的功能，而如果有心律不整的情況，甚至可能還需要加做心電圖檢查。

一般而言，年輕動物罹患這些疾病的機會比較小，所以通常只需要在術前驗血就可以大概評估麻醉風險。但如果是 8 歲以上的老年貓狗，依照個別情況，可能就會需要更完整的檢查來確保麻醉的安全。只有讓動物醫生在麻醉前完整了解毛孩的身體狀況，才能做好最萬全的準備，讓手術平安順利。🐾

BASIC
基本入門
22

什麼是氣體麻醉？什麼是液體麻醉？哪個比較安全？

要讓動物從清醒狀態進入到全身麻醉，會需要使用所謂的麻醉藥物。麻醉藥物有很多種，主要可以分為注射型和吸入型兩大類，如果動物在整個麻醉的過程中，由清醒到麻醉，再到甦醒，全程都只使用注射型的麻醉藥物，我們就

稱為「液體麻醉」。反之，如果動物大部分麻醉的過程都是使用吸入型的氣體麻醉藥物來維持麻醉狀態，我們就稱為「氣體麻醉」。

　　液體麻醉的優點是便宜、快速、方便，只要打一針就能讓毛孩昏睡幾十分鐘，足夠完成大部分常規的手術，既不需要特別的麻醉設備，也不需要插管等等的手續，可以以比較低廉的手術費用提供毛孩必須的治療。然而，液體麻醉有很多缺點，最大的缺點就是打入的藥物不能回收、不能暫停，如果毛孩在麻醉過程中發生了什麼問題，我們無法立即停止麻醉讓毛孩恢復意識，必須等毛孩的身體慢慢將藥物代謝，麻醉的效果才會結束，所以一旦發生意外，液體麻醉會是比較危險的。也由於液體麻醉必須倚賴毛孩的身體代謝排除，如果毛孩的肝腎功能不足，一不小心就可能造成麻醉藥物過量，甚至導致死亡。而且液體麻醉不容易維持穩定的麻醉深度，在麻醉過程中如果藥物濃度不足，有可能會感受到疼痛，甦醒的過程也比較不舒服，加上因為液體麻醉沒有插管提供充足的氧氣，毛孩有可能不慎缺氧、窒息，相對來說是比較危險的。

　　因此目前不管是人醫還是獸醫，主流的麻醉方式都是以氣體麻醉為主。氣體麻醉是由吸入性的麻醉氣體來維持，由肺部吸收進入血液，也由肺部排出，在麻醉時不需要給予很高濃度的麻醉氣體，只要讓毛孩在每一次呼吸都吸到足以維持麻醉的濃度，就能長時間維持在穩定的麻醉深度。且當有緊急狀況需要立即停止麻醉的時候，只要停止供應麻醉氣體，毛孩很快就能甦醒過來，相較液體麻醉來得安全許多。此外，氣體麻醉通常會以氣管插管的方式進行，除了能確保麻醉氣體順利進入毛孩體內之外，也能確保毛孩的呼吸道暢通，得到充足的氧氣供應，就可以避免毛孩因為麻醉過深或呼吸道被壓迫，而造成意外窒息的問題，對於麻醉的安全性又是另一層保障。

　　不過，氣體麻醉也並非從頭到尾都只有使用氣體，在進入穩定的氣體麻醉之前，必須要讓毛孩從清醒狀態進入到可以接受插管的睡眠狀態，否則在清醒狀態下是不可能把一根管子放到毛孩的氣管裡面的，這段由清醒到失去意識並能夠插管的過程，我們稱為「麻醉導入」。麻醉導入通常都是使用低劑量、短效的液體麻醉藥物來完成，讓毛孩可以不知不覺地進入麻醉狀態，再由氣體麻醉接手維持，這樣的好處是可以減少毛孩的緊張不適、避免毛孩恐懼掙扎，也避免在失去意識的過程中不慎窒息。如果不使用液體麻醉導入，直接用面罩強

迫清醒的毛孩吸入麻醉氣體，毛孩會有比較長的一段時間處於恐懼並且想要掙脫面罩的狀態，在失去意識的過程中，也有可能會因為失去自主呼吸而不慎窒息，是相對比較危險的方式，目前在國際上已經不被建議使用了。

液體麻醉	氣體麻醉
以靜脈注射快速起效，使動物迅速達到麻醉狀態。	需要麻醉前誘導，要一段時間進入麻醉狀態。
肌肉注射方便，適合流浪動物或野生動物。	需要氣體麻醉機和完整管路，設備環境要求較高。
價格低廉。	成本較高。
除了有些麻醉藥物有解劑外，大部分注射的藥物無法暫停作用，危險性較高。	一旦有問題可以立刻暫停麻醉，讓動物甦醒，較安全。
手術中無法調整麻醉深度，無法因應動物身體變化調整。	手術中可隨時調整麻醉深度，並因應生理數值變化調整。
高度仰賴動物的肝腎代謝麻醉藥物，肝腎功能差的動物較危險。	以肺臟呼吸將麻醉藥物排出，對肝腎負擔較小。
沒有插管，無法確保動物的呼吸道暢通，無法輔助動物呼吸。	插管給予麻醉氣體同時確保氧氣供應，可以隨時調整動物的呼吸狀況。
動物從麻醉中甦醒的過程比較不舒服。	動物從麻醉中甦醒的過程較平順。

　　手術麻醉是毛孩的人生大事，尤其年紀大的毛孩，風險會相對提高，所以一定要選擇對他們最安全的麻醉方式。氣體麻醉由於儀器和耗材的成本較高，收費自然沒有液體麻醉那麼便宜，但多花一點小錢，使用相對安全的氣體麻醉，選擇設備完善、儀器精良的動物醫院，並做好完整的麻醉監控，對於毛孩較有保障。🐾

聽說西藥比較傷身，中藥比較溫和，我應該選中醫好還是西醫好？

　　最近 10 年中獸醫蓬勃發展，很多動物醫院都開始提供中醫醫療的服務，包括針灸、中草藥等等。多數人對中醫的印象為：中藥沒有副作用、比較溫和、可以改善整個身體的體質，並為身體帶來長遠的幫助。相對來說，西藥就常被人認為是頭痛醫頭、腳痛醫腳，好像治標不治本，又有很多副作用、比較傷身體等等，所以很多毛爸媽在老年毛孩遇到大病的時候，都會傾向選擇中醫而拒絕西藥。但是，中醫是不是真的這麼完美？西醫又是不是真的這麼不堪呢？

　　事實上，中醫和西醫當然各有各的優缺點，也有各自擅長的領域，我雖然是屬於寵物西醫，但也很常跟寵物的中獸醫同業們交流知識，其實一位好的中獸醫絕對了解中醫的極限在哪裡，他們也很常會在治療計畫中搭配西藥的輔助，來達到中西合璧的效果。那中藥和西藥最大的差異在哪呢？以大家最熟悉的概念來說，西藥一般都會比較快速見效，通常在服藥幾天內就會看到立竿見影的效果。而中醫包括中草藥和針灸等等，通常都不是一次到位，而是會需要數週到數個月的持續治療，慢慢調整身體體質，才能看到明顯的效果。所以簡單來說，中醫比較擅長的領域是沒有立即的生命危險、有時間長期調養的慢性病，例如：皮膚病、神經疾病、慢性關節炎、慢性腸胃疾病、免疫性疾病等等。而反過來說，如果毛孩罹患的是有立即生命危險的疾病，例如：心臟衰竭、急性腎衰竭、創傷、器官破裂、感染、癌症等等，因為在短時間內就有可能死亡，所以必須要趕快使用西藥強力介入，才能趕快把毛孩從鬼門關拉回來，這時就不適合用中藥慢慢調養了。

　　「但是西藥不是有很多副作用嗎？我選中藥就是不想要副作用呀！」

　　其實不是每個西藥都有明顯的副作用，也不是每個中藥都完全沒有副作用。只要是快速見效的藥物，即便是中藥也是會有副作用的，只是很多中藥的

效果都比較慢，所以副作用看起來就比較沒那麼明顯，所謂的「藥性溫和」雖然聽起來副作用少，但反過來說也可能代表藥效不明顯，症狀改善的比較慢。

越是強效、速效的藥物，副作用就有可能越明顯，而身為醫生的我們要做的事情就是依照疾病的輕重緩急，在權衡利弊之下，選擇最有效的藥物，並且把副作用控制在可接受的範圍內。

我們可以想像一個情境，如果有個不會游泳的人不小心掉到一個很深的大水池裡面，我們可以怎麼救他呢？如果以中藥的方式，就會類似於把水池的水慢慢放掉，等到水位下降，這個人就可以自己爬上來。這個做法沒有任何的傷害，但是很花時間。在沒溺水的情況下，也許可以用這個方式慢慢處理，但如果這個人已經溺水吸不到氣，當然就不可能等這麼久，這時如果派救生員下水救他，有可能需要把他打昏才能順利救上岸，而若把這件事情想像成西醫治療的話，打昏他就像是西藥的副作用，這個人必須承擔失去意識的風險，但是相較於溺死在水裡，為了能夠儘快獲救，這個風險絕對是值得承擔的。這也是為什麼，當毛孩需要急救的時候，我們一定用的是西藥而非中藥，相較於立即的死亡，我們寧可承擔少量的副作用也要選擇最快速見效的藥物，才能救回寶貝一命。

中醫和西醫各有他們擅長的領域，所以在不同疾病上我們可以參考不同醫生的意見，來選擇最適當的治療。在有立即生命危險的疾病，例如：心臟病和癌症，一旦錯過治療時機，就很有可能無法挽回毛孩的生命，這類疾病我就會建議毛爸媽務必要選擇專科的西醫來諮詢治療。

而如果是慢性的皮膚病、過敏、腸胃不適、關節疼痛這類比較沒有立即危險的疾病，就可以考慮諮詢可靠的中獸醫，用半年或1年的時間慢慢調整體質，來改善整個身體的健康。當然，每個毛孩的病情和身體狀況都不一樣。

如果仍有疑慮，或想尋求第二意見，可以去不同的醫院諮詢不同的動物醫生，也可以放心跟醫生討論其他醫生的治療方式，來選擇最適合自己的治療計畫。千萬不要在網路上道聽塗說、擅自停藥，最後反而害了毛孩就不好了。🐾

CHAPTER. 02

毛孩常見疾病

COMMON DISEASE

　　走進動物醫生的診療室，了解毛主人最常遇到的問題，並讓動物醫生為你解答毛孩行為異常背後的原因；以一問一答的方式，帶你認識傳染病、皮膚、呼吸道等常見疾病的基礎知識、預防方式及治療對策，帶你從日常生活中，看懂毛孩的生理警訊、生病訊號，並即時做出反應，讓毛孩遠離疾病的威脅。

狗狗的預防針通常多久打一次？

2020 年是新型冠狀病毒肺炎大流行的一年，大家最引頸期盼的就是疫苗的上市能夠阻止病毒繼續擴散，沒有疫苗的時候大家才知道病毒有多可怕，而毛孩有疫苗可以打，當然一定要手刀趕快去打。

一般來說，狗狗在 6～8 週齡的時候，就會建議去施打第一針幼犬疫苗，接著每個月補強一劑，最後一劑大約是 15～17 週齡的時候，所以第 1 年通常會施打三針，才算是完成 1 歲前的疫苗計畫。之後就每年補強一劑，以提供完整的抗體保護。

狗狗的疫苗常見有五合一、七合一、八合一，甚至十合一的組合，通常在 6～8 週齡的第一針會施打的是最核心的五合一疫苗，可以讓狗狗的身體產生包括小病毒腸炎、犬瘟熱、犬傳染性肝炎、犬副流行性感冒及犬傳染性支氣管炎等五種重要疾病的抗體。

不過由於年幼的狗狗身上可能會有一些從媽媽身上帶來的移行抗體，會削弱疫苗的效果，因此需要每隔 3～4 週再補強疫苗的效力。通常第二針之後就會改為施打七合一、八合一或十合一的疫苗，增加的項目包括犬冠狀病毒腸炎，以及各種不同血清型的鉤端螺旋體，數字越多的組合，包含的血清型就越多種。

此外，政府還規定狗狗每年都必須施打一劑狂犬病疫苗，雖然狂犬病現在已經很少遇到，但在野生動物，例如：鼬獾還偶爾會出現病患，由於這個疾病也會傳到人身上，而且致死率非常高，所以還是不能掉以輕心，有效地預防狂犬病還是非常重要的。🐾

貓貓的預防針通常多久打一次？
如果貓貓不出門也要打嗎？

以貓貓來說，大約也是在 6～8 週齡的時候開始施打最重要的核心疫苗，之後每隔 3～4 週補強一劑，直到 16 週齡，完成第 1 年的基礎免疫。最重要的核心疫苗通常是三合一疫苗，包含貓皰疹病毒、貓卡里西病毒和貓瘟病毒，共三種。

不過很多貓奴可能也會聽過四合一或五合一疫苗，分別多預防了貓披衣菌和貓白血病這兩種病毒，那為什麼不是每隻貓貓都建議直接施打涵蓋範圍最廣的五合一疫苗呢？這是因為有些五合一疫苗所含有的佐劑已經被發現可能會在注射之後刺激貓貓的皮下組織，使得貓貓有比較高的風險長出非常惡性的「注射部位肉瘤（Feline injection-site sarcoma, FISS）」，這種腫瘤會快速侵犯周邊的組織，甚至侵蝕到骨頭內，非常難以切除，是一種極度可怕的惡性腫瘤。

因此，為了避免增加貓貓產生這種腫瘤的風險，我們可以將貓貓分為「低傳染病風險」和「高傳染病風險」兩種族群，如果家中只有一隻貓，而且貓貓不會外出的話，他感染到傳染病的風險通常是比較低的，所以在第 1 年建立了基礎免疫之後，只要每隔 3 年補強一次三合一核心疫苗就可以了。

但如果是多貓家庭，或者貓貓時常跑到戶外玩耍的話，就需要每年施打四合一、貓白血病和狂犬病疫苗了。其中貓白血病疫苗和狂犬病疫苗的佐劑都被認為有比較高的風險引發腫瘤，因此目前在國外這兩種疫苗都已經推出無佐劑的版本，不過因為價格比較昂貴，並不是每間動物醫院都有無佐劑疫苗可供施打，細心的毛爸媽在約診時記得要先打電話向動物醫生詢問。🐾

有沒有明確的疫苗時間表可以參考呢？

　　幼犬、幼貓的免疫系統還沒健全，對傳染病的抵抗力不足，很容易就會被病毒感染，如果家中的毛孩不到 4 個月大，又還沒施打完第 1 年完整的基礎疫苗計畫的話，是不適合出門散步，更不適合接觸其他毛孩的。

　　這些病毒通常會藉由已經患病的狗貓傳播，但也可能潛藏在被糞便或飛沫汙染的環境當中，而當毛孩對周遭事物好奇地到處舔咬、嗅聞時，很容易不小心就中招了。因此，還沒打完第 1 年疫苗的毛孩，一定只能待在家裡，並且保持家中環境整潔，才能保持他們健康。

　　詳細的疫苗計畫可以參考以下這個表格整理。🐾

疫苗	施打週齡	狗狗	低風險貓（單貓家庭、室內貓）	高風險貓（多貓家庭、室外貓）
第一劑	6 ～ 8 週齡	幼犬五合一	三合一	三合一
第二劑	10 ～ 12 週齡	七、八或十合一	三合一	四合一＋[貓白血病]
第三劑	14 ～ 16 週齡	七、八或十合一＋[狂犬病]	三合一＋[狂犬病]	四合一＋[貓白血病＋狂犬病]
補強	1 歲後	每年一次七、八或十合一＋[狂犬病]	每 3 年一次	每年一次

（註：貓白血病及狂犬病疫苗建議選用無佐劑版本。）

我家狗狗 2 個月大，上禮拜帶他出去玩之後，這幾天突然開始狂拉鮮血，怎麼會這樣？

年輕的幼犬因為免疫系統還沒建立完全，對身體的保護效果不足，很容易受到外界病原的感染，如果突然開始狂拉鮮血，有可能是被傳染了小病毒腸炎（Parvoviral enteritis）。

小病毒腸炎是由犬小病毒（Canine parvovirus）感染所引起，這個病毒會攻擊腸胃道、白血球及心臟，造成嚴重的下痢、血痢（拉鮮血）、頻繁嘔吐、食慾及精神不振等等。而在反覆吐、拉的過程中，毛孩的身體會喪失大量血液和水分，而造成嚴重脫水和貧血，食物的養分也無法好好地被吸收，再加上生病的毛孩通常都精神萎靡、不肯吃飯，因此只要幾天的時間就會讓身體狀況急轉直下。

年輕的幼犬如果無法攝取營養又嚴重吐拉，很容易會有低血糖的問題，而血糖過低可能會造成毛孩昏迷、抽搐，甚至死亡，因此小病毒腸炎如果沒有治療，死亡率是很高的，可以在短短幾天到 1 個星期內就奪走毛孩的性命，非常可怕！

由於小病毒腸炎的症狀來得又急又快，一旦發現一定要趕快帶毛孩去看醫生。雖然病毒性腸炎沒有特效藥，但是動物醫生可以用點滴輸液、止吐止瀉、灌食，甚至是靜脈營養注射的方式來給予支持治療，維持毛孩身體的機能。一般來說，如果毛孩能撐過住院 7 ～ 10 天的時間，身體的免疫系統就能夠慢慢把病毒清除，直到完全康復。🐾

該怎麼預防毛孩得到病毒性腸炎呢？

　　針對病毒性的傳染病，最好的保護就是施打疫苗。小病毒腸炎疫苗是重要的核心疫苗之一，市面上的幼犬疫苗、七合一、八合一或十合一疫苗，為都會涵蓋到這個疾病的疫苗，只要按照動物醫生的建議準時施打疫苗，就能夠有效預防傳染病，為小朋友提供完整的保護。

　　小病毒腸炎是一種傳染力很高的傳染病，通常藉由病患的糞便和糞便的汙染物傳染，所以要避免被傳染，最重要的就是要避免毛孩接觸到可能被汙染的物體。雖然我們可能可以很容易避免毛孩去接觸其他狗狗的糞便，但如果是被糞便汙染過的地面、牆壁或物品，一旦經過擦拭，就很有可能看不出表面殘留的汙穢。而狗狗在出門散步時很常會到處嗅聞或舔拭地板，很容易不小心就把表面的病毒給吃下肚，所以帶狗狗出門散步的時候，最好能注意並制止他們亂吃、亂舔。

　　如果家中有毛孩確診小病毒腸炎，一定要跟家裡其他狗狗、貓貓隔離，病患用過的外出籠、接觸過的東西都要徹底清潔消毒，沾過病患嘔吐物和糞便的東西最好直接丟掉，以免不慎傳染給其他毛孩。

　　年紀小的幼犬如果還沒完成完整的疫苗施打，在免疫系統還不健全的情況下，就不應該帶他們出門散步，更應該避免接觸其他陌生狗狗，例如：到狗公園玩、參加寵物展、寵物聚會等等，畢竟有些成犬可能已經有完整的保護力，不會受到病毒感染，但對於免疫力不足的幼犬，如果不慎接觸到病毒，就有可能會成為危及生命的大問題。🐾

我家 3 個月大的小小貓一直打噴嚏、流鼻水，還淚眼汪汪，該怎麼辦？

很多貓貓都有打噴嚏、流鼻水的問題，很像人類的感冒症狀，不管是年輕的幼貓或熟齡的老年貓都有可能發生。這類症狀不僅是貓奴最常遇到的問題之一，也是動物醫生門診很常遇到的病患。造成這些症狀最常見的原因就是皰疹病毒感染（Herpes virus infection），不只會造成打噴嚏、鼻塞、流鼻水，也很常會同時造成眼睛發紅、流眼淚等症狀。

皰疹病毒感染跟感冒一樣，最容易在身體免疫力差的時候發病，例如：同時罹患慢性病的貓貓，或是長期處於緊張、焦慮、壓力狀態的貓貓，都會比較容易發病。皰疹病毒感染可大可小，輕微感染的病例可能會自行痊癒，或在使用抗病毒藥物治療 1 ～ 2 週後慢慢緩解症狀；比較嚴重的病例則有可能併發細菌感染，或是嚴重結膜炎，甚至導致角膜潰瘍等等。

不過難纏的是，即使症狀解除，皰疹病毒還是會潛伏在身體的三叉神經裡面，等貓貓身體免疫力變差的時候再伺機而動，並沒有辦法完全被清除乾淨，所以如果身體狀況不好的貓貓，就有可能會反覆發病。因此，平常就要避免造成貓貓過多的壓力。如果貓貓的個性比較容易緊張，就要避免家中太常出現陌生訪客，也要盡量避免換環境，或是避免其他狗狗、小孩嚇到貓貓。

以往曾廣為流傳，給貓貓補充離胺酸可以抑制皰疹病毒的繁殖，在動物醫生們的治療經驗上，也有蠻多效果不錯的案例。然而，在 2015 年有一篇研究論文發表，認為離胺酸對於皰疹病毒可能是沒有效果，也沒有科學證據的，因此這篇論文建議動物醫生們停止使用離胺酸。不過由於這篇研究的結果跟多數動物醫生的經驗有落差，因此在獸醫界還沒有形成共識。另外在嚴重感染的情況下，有些時候動物醫生也會選用針對皰疹病毒的抗病毒藥物來治療，只要遵照動物醫生的指示服用，通常都有不錯的效果。🐾

醫生說我家狗狗得了心絲蟲，那是什麼？

心絲蟲是一種寄生在毛孩心臟血管裡的寄生蟲，比較常見於狗狗身上，但是貓貓也有可能罹患。心絲蟲主要藉由蚊子傳染，將幼蟲感染到毛孩體內，並在毛孩體內經過 6 個月的時間慢慢長成成蟲。

成熟的成蟲會寄生在肺動脈及心臟裡面，當這些蟲繁殖得越來越多，就會影響血液循環，造成肺動脈高血壓、肺動脈變粗、心臟擴張等等；也可能會造成咳嗽、體力變差、削瘦等等。嚴重的心絲蟲感染也有可能會造成心臟衰竭，使得身體的水分蓄積在肚子或胸腔裡，造成胸水、腹水、腹部脹大、全身水腫等等。

如果心絲蟲的數量太多，阻礙了心臟瓣膜的運動，甚至阻塞大靜脈的話，就有可能會造成紅血球嚴重被破壞，而產生急性溶血、貧血的問題，這種情況稱為「腔靜脈症候群（Caval syndrome）」，此時的狗狗可能會變得很虛弱、很喘，尿尿變成咖啡色，如果不趕快治療的話，可能在幾天內就會造成死亡，是非常可怕的疾病。

目前診斷心絲蟲的方式大多是使用快篩套組來檢驗，而且通常用的是和其他傳染病合併檢驗的四合一快篩套組，只要抽取少量的血液樣本，10 分鐘內就能夠檢驗出來，非常方便。如果狗狗有做定期的健康檢查，可以詢問家庭醫生是否需要把這個四合一快篩列入健檢項目之一。🐾

心絲蟲是可以預防的嗎？

針對心絲蟲病，目前市面上已經有多種不同的預防藥物可以使用，傳統有些是每個月服用一次的肉塊、藥錠，如果毛孩很難餵藥，也可以選擇 1 個月一次滴在皮膚上的滴劑，避免餵藥的麻煩。

而近幾年比較新的產品甚至只要每 3 個月服用一次口服藥物，就能有效預防好幾種不同的寄生蟲，相當方便。更長效的也有 1 年打一次的預防針劑，可以在每年打預防針時跟其他疫苗一起定期施打，保護狗狗一整年不被心絲蟲感染。

如果沒有做好預防而不幸被感染，動物醫生就需要使用一些殺蟲的針劑來治療，但整個療程的時間和費用會比預防來得高出許多，也比較容易產生後遺症，因此毛爸媽們還是盡量以預防勝於治療比較好。🐾

如果不小心得了心絲蟲，要怎麼治療呢？

如果不小心得了心絲蟲，可以用打針的方式注射殺蟲藥物，把寄生在體內的心絲蟲殺死。不過要注意的是，這種藥物只能殺死已經成熟的心絲蟲成蟲，對於幼蟲是沒有效果的，所以通常會建議在第一次打針之前，給予 2 個月的口服殺幼蟲藥物，來清除還沒長大的幼蟲，等剩下半成熟的蟲完全成熟之後，就可以接著用針劑來殺滅成蟲。

一般來說，打完第一針殺蟲針後，隔 1 個月還會再打第二針殺蟲針，並在第二針後的隔天再補強第三針殺蟲藥，確保大部分體內的成蟲都能被殺死。根據統計，如果只打兩針殺蟲藥，只能殺滅 90% 的成蟲，但如果能打完完整的三針，就可以清除高達 98% 的成蟲，所以目前標準的治療都是建議一定要打完三針。

在打完三針殺蟲針後的 1 個月和 9 個月，動物醫生會建議要回診檢查是否還有心絲蟲存在身體內，如果打完之後 9 個月都還呈現陽性反應，就表示心絲蟲沒有被完全清乾淨，需要重新再一次殺蟲療程，所以毛爸媽一定要乖乖配合動物醫生的指示，做好完整的治療，才不會事倍功半。

此外，有些比較嚴重的心絲蟲感染還可能會造成心血管結構被破壞，以及肺動脈高壓或心臟衰竭的問題，這時候就要配合一些心臟藥物做治療，所以除了殺蟲之外，動物醫生通常會建議毛孩一併做心臟相關的檢查，例如：X 光和心臟超音波等等來評估心臟功能，確認是否需要其他藥物來輔助改善心臟功能。

這些嚴重的病例往往都會造成心血管的後遺症，即使成功殺蟲也沒有辦法讓心臟完全恢復正常功能，甚至可能要一輩子服用心臟藥物，所以毛爸媽還是要乖乖幫毛孩做好預防，才不會後悔莫及。

如果在極端嚴重的末期病例，因心絲蟲數量太多而阻塞了大靜脈，進而引發腔靜脈症候群的話，就有可能會造成毛孩立即的生命危險，此時就需要緊急手術將心絲蟲取出，讓血管回復暢通。而動物醫生會用一條很長的夾子經由頸靜脈伸到心臟裡面，把心臟內的蟲夾出來，不過在這種情況下進行侵入血管的手術，麻醉風險都會比較高，且毛孩的身體情況已經很差，有時毛孩甚至會在手術當中死亡，非常危險，因此千萬不要拖到這麼嚴重才看醫生。🐾

我家狗狗才 2 個月大，最近發現他一直在咳嗽，是感冒了嗎？

　　一般人聽到咳嗽第一個想到的通常是感冒，不過真正的感冒嚴格說起來應該是流感病毒造成的上呼吸道感染，但在幼犬來說，其實細菌性的感染也很常會造成咳嗽。幼犬因為免疫系統還沒發育完全，在還沒打完預防針之前，容易感染到犬瘟熱（Canine distemper）或犬舍咳（Kennel cough），這兩種疾病都會造成呼吸道的發炎，因而產生咳嗽的症狀。

　　犬舍咳泛指各種感染性的支氣管炎，常見的致病原是博德氏桿菌和波氏桿菌，但其他病原的感染也有可能造成犬舍咳，甚至有可能是多種病原合併感染。這種疾病有可能靠狗狗的免疫系統自己慢慢痊癒，但在年紀小的小朋友免疫系統還不健全時，如果沒有好好照顧，也可能會越來越惡化。除了咳嗽之外，犬舍咳也可能造成打噴嚏、流鼻水、精神食慾變差等等。

　　另一種可怕的疾病就是犬瘟熱，犬瘟熱是由病毒感染引發，除了造成咳嗽外還常見發燒、拉肚子，甚至癲癇、肌肉不正常抽動等等的神經症狀，而且沒有特效藥能治療，只能給一些緩解症狀的藥物，吊點滴補充身體的水分、電解質，讓毛孩靠自己的免疫系統對抗病毒，因此死亡率非常高，千萬要小心預防。

　　年輕幼犬的免疫系統還沒發育完全，如果要避免他們感染犬瘟熱或犬舍咳，可以依照建議定期施打疫苗。犬瘟熱和犬舍咳都是基本的犬五合一、七合一疫苗能提供有效保護的疾病，在狗狗滿 1 歲之前，動物醫生會依照個別情況建議施打兩～三劑的疫苗，而在疫苗全部打完之前，建議不要帶狗狗出門散步，以免接觸到其他帶有病毒的動物，或者不小心沾染了其他狗狗的排泄物而被傳染。寵物展那種會有大量人潮和寵物聚集的活動，更是不能攜帶年輕幼犬去參加，不然感染到傳染病的機率可是非常高的。🐾

我家狗狗常常在抓癢，是不是有跳蚤？

　　搔癢是狗狗最常見的皮膚問題之一，也是皮膚門診中最大宗的就診原因。造成皮膚搔癢的疾病不勝枚舉，超過一半以上的皮膚病都會造成不同程度的搔癢症狀。如果平時疏於清潔和預防，外寄生蟲感染造成的搔癢是很常見的，尤其是跳蚤感染，當他們在狗狗的皮膚表面和毛髮之間穿梭時就會造成搔癢的狀況，他們也可能叮咬狗狗的皮膚，造成皮膚紅腫甚至過敏。

　　更糟的是，狗狗可能會把這些跳蚤帶到家中，使他們藏身在家裡的環境中，再去叮咬家中其他毛孩或人類。所以如果發現狗狗身上有跳蚤，很有可能毛爸媽自己也已經被跳蚤叮咬，這時除了要幫狗狗做除蚤之外，家中的環境也有可能需要大掃除一番，才能有效地斬草除根。

　　除了跳蚤之外，另一種會造成嚴重搔癢的外寄生蟲就是疥癬蟲感染（scabies）。這種蟲的傳染力很強，會在皮膚表層挖隧道，鑽到皮膚下方，在全身的皮膚底下四處亂鑽，造成狗狗極度的搔癢。除了同居的狗狗可能被傳染之外，疥癬蟲也是人畜共通的疾病，同樣也會跑到人類身上造成明顯搔癢、紅疹等等，所以如果已經做好跳蚤預防，家中環境也確實除蚤，但家人、毛孩還是一起發癢的話，可能就要檢查是否為疥癬蟲感染了。

　　皮膚病常常是由外寄生蟲造成的，所以定期預防外寄生蟲是非常重要的。現在市面上有各種不同的外寄生蟲預防產品，每 1 ～ 3 個月使用一次就可以有效預防跳蚤、壁蝨、疥癬蟲等等，非常方便有效，所以這筆錢千萬不能省，不然搞得全家人和毛孩都被叮咬，就得不償失了。🐾

醫生說我家狗狗有異位性皮膚炎，那是什麼？

異位性皮膚炎（Atopic dermatitis）是身體的免疫系統對環境中過敏原產生的過敏反應，會造成皮膚紅腫發炎，使得狗狗全身發癢。常見的過敏原包括花粉、塵蟎、皮屑、食物、跳蚤等等，這些都可能造成異位性皮膚炎。異位性皮膚炎是有遺傳性的，黃金獵犬、拉不拉多、西高地白梗、鬥牛犬等等都屬於比較好發的犬種，但基本上任何品種都有可能發生。

如果狗狗有異位性皮膚炎的問題，毛爸媽可能會常常看到狗狗不停地用腳爪抓自己的身體，或者用嘴巴舔、咬身上的皮膚，甚至是躺在地上打滾，企圖靠摩擦地板來止癢。然而，不管是抓、舔或咬都會造成皮膚更多的傷害，常常會看到這些狗狗把自己身上的毛都咬掉，在抓癢的過程中也會在皮膚上留下傷口，指甲上的細菌或黴菌就有可能藉此入侵，進一步造成膿皮症或其他感染問題，反而讓皮膚病更難控制。

過敏的原因常常來自於生活環境，所以家中的環境要常常打掃，減少環境中的過敏原。有些花粉、塵蟎可能會飄在空氣當中，造成狗狗過敏，因此家裡也可以使用空氣清淨機、除濕機等等來改善家中空氣品質、減少濕氣、避免過敏原堆積。Omega-3 魚油或相關的產品已經有研究證明可以改善皮膚發炎的情況，因此如果是長期皮膚不好的狗狗，也可以定期給他們補充這類營養品，做好皮膚的保養，有關毛孩的異位性皮膚炎及皮膚病的照顧方式，可以參考以下影片。

毛孩小知識

皮膚病的照顧方式

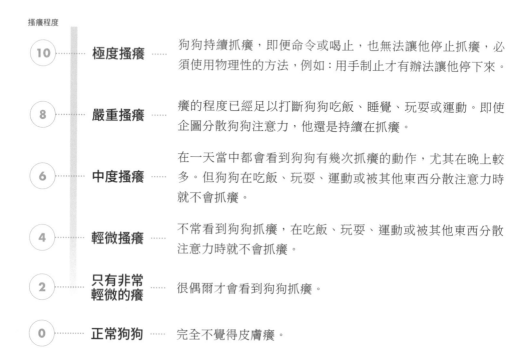

皮膚
13

我要怎麼知道我家狗狗只是無聊抓癢，還是真的已經得皮膚病了呢？

　　毛爸媽如果發現狗狗抓癢的次數變得頻繁，只要一有空就抓癢的話，其實就可能已經有皮膚病的問題。而皮膚病雖然沒有立即的生命危險，但也要儘早帶他們去看醫生。想像如果是自己全身過敏發癢，其實是非常難受，而且會影響生活品質的。

　　動物醫生可以儘早幫忙找到病因，給予消炎止癢的藥物讓狗狗的皮膚能夠好好休息。如果拖太久不處理，拖延好幾個月甚至 1 年以上，皮膚的傷害可能就會變成慢性不可逆的結果，到時候可能用再多的藥物都無法挽救了。

　　其實不同皮膚疾病造成的搔癢程度會有些不同，毛爸媽可以仔細觀察一下狗狗抓癢的嚴重程度，藉由簡單的分級系統來幫助動物醫生正確診斷。

搔癢程度

10	**極度搔癢**	狗狗持續抓癢，即便命令或喝止，也無法讓他停止抓癢，必須使用物理性的方法，例如：用手制止才有辦法讓他停下來。
8	**嚴重搔癢**	癢的程度已經足以打斷狗狗吃飯、睡覺、玩耍或運動。即使企圖分散狗狗注意力，他還是持續在抓癢。
6	**中度搔癢**	在一天當中都會看到狗狗有幾次抓癢的動作，尤其在晚上較多。但狗狗在吃飯、玩耍、運動或被其他東西分散注意力時就不會抓癢。
4	**輕微搔癢**	不常看到狗狗抓癢，在吃飯、玩耍、運動或被其他東西分散注意力時就不會抓癢。
2	**只有非常輕微的癢**	很偶爾才會看到狗狗抓癢。
0	**正常狗狗**	完全不覺得皮膚癢。

皮膚病的狗狗要怎麼照顧，才能好得比較快？

要避免皮膚病不斷惡化，最重要的就是要避免狗狗把自己抓傷、咬傷，這時伊莉莎白頸圈（也有人暱稱為羞羞圈）就非常重要。戴上頸圈可以讓狗狗無法回頭舔咬到自己的身體和四肢，也無法用腳爪抓傷自己的頭部，可以大幅減少皮膚所受到的傷害。

狗狗剛開始戴上的時候可能會因為視線被遮擋，看不到周圍的環境，而會碰撞到身邊的物體，或是吃飯時有點不方便，不過他們通常都適應得很快，1、2 天內就可以正常生活了。如果嫌塑膠的伊莉莎白頸圈不太舒服的話，也可以選擇其他柔軟的頸圈，或是像一個很大的甜甜圈套在脖子上的頸圈，只要夠大能夠阻止他們回頭舔咬，都能達到良好的效果。

頸圈除了在我們看著狗狗，並有能力制止他抓癢時可以脫下來休息之外，其他時間一定要 24 小時戴在身上，才能有效避免他們舔咬。很多毛爸媽因為心疼狗狗而把頸圈拿掉，反而會讓他們的皮膚病越拖越久，沒有痊癒的一天。

除了戴頸圈之外，狗狗的皮膚、毛髮都要盡量保持乾淨、乾爽、通風。依照狗狗皮膚的狀況，可以每星期幫他們洗澡清潔（有皮膚病的狗狗可能需要更頻繁），除了可以洗掉細菌和髒汙之外，也可以減少附著在他們身上的過敏原。

動物醫生也常常會視病情需要，建議皮膚病的狗狗使用藥浴，但是使用的次數和產品就必須要先請醫生評估，並遵照醫生的指示，千萬不要自己亂買產品來使用，以免造成抗藥性或讓他們的膚質變得更脆弱。並且每次洗完澡要記得把他們的毛髮吹乾，尤其是長毛和厚毛的狗狗一定要記得吹到毛根的底部全乾，否則潮濕的水氣會聚集在毛髮的縫隙之間，造成細菌、黴菌的滋生。🐾

我家狗狗的毛髮越來越稀疏，好像禿頭似的，怎麼會這樣？

　　脫毛（Alopecia）在狗狗的皮膚病也是很常見的症狀之一，如同我們在前一段搔癢的章節所說，嚴重的搔癢會造成狗狗想要不停的去抓癢和舔咬，而這個動作會不斷地拉扯毛髮，把毛髮扯掉，久而久之抓癢部位的毛髮就會變得稀疏，甚至光禿一片。為了避免這種情況，我們已經說過，明顯搔癢的動物最好要戴伊莉莎白頸圈，並且趕快就診治療。一般來說如果搔癢的情況沒有拖太久，毛囊沒有受到太多損傷的話，在妥善治療、停止抓癢之後，通常毛髮都能恢復原狀。

　　然而，有些狗狗好像沒有看到他有明顯的抓癢動作，但毛髮卻越來越稀疏、輕輕一碰就掉落，或是剃毛之後長不回來，這是怎麼一回事呢？

　　沒有搔癢症狀的脫毛，通常是內分泌的疾病造成。這種脫毛不是由於抓癢的動作把毛髮扯掉，而是毛囊本身的生長週期出了問題。狗狗的毛髮在正常情況下就會新陳代謝，不斷地脫落再重新生長、汰舊換新。這個過程需要一些荷爾蒙的刺激，才能夠維持正常的毛髮生長。其中甲狀腺素就是一個很重要刺激毛髮生長的荷爾蒙，如果狗狗的甲狀腺素過低，毛囊就會一直處於靜止期，使得毛髮在脫落之後不會重新生長，皮膚表面就變得光禿禿的。

　　另一種常見造成脫毛的內分泌疾病就是腎上腺皮質素亢進症，又稱為庫欣氏症。這種疾病是由於腎上腺的糖皮質激素分泌過多造成，糖皮質激素過多會使毛囊的靜止期延長，一樣會造成嚴重的脫毛問題。

　　搔癢造成的脫毛通常集中在狗狗自己抓得到和舔得到的位置，例如：腹部和四肢。而內分泌疾病是全身性的，所以內分泌問題造成的脫毛不像搔癢那樣集中在抓癢的區域，而是可能出現在他們抓不到的位置，例如：後頸部或背部，而且通常呈現對稱性的雙側脫毛。

抓癢造成的脫毛通常可看到脫毛的區域有明顯紅腫、結痂，甚至傷口感染的情況，而內分泌問題造成的脫毛則皮膚看起來沒有明顯的發炎，像是自然脫落似的。有一些典型的脫毛特徵，例如：整條尾巴光禿禿完全沒有毛，俗稱老鼠尾巴（Rat tail）的樣子，就是甲狀腺機能低下的狗狗常見的脫毛表現。🐾

* SKIN *

皮膚

16 狗狗掉毛好像也不會很不舒服，有需要特別去看醫生嗎？

狗狗毛髮變得稀疏，很多毛爸媽可能常常不以為意，以為是年紀大了的正常現象，但其實正常動物並不會因為單純老化而變得容易脫毛。如果發現狗狗脫毛，首先可以藉由前面提過的搔癢程度分級表，請參考頁數 P.60，來評估是不是搔癢的問題造成的掉毛，如果沒有明顯搔癢，但是毛髮卻異常稀疏，就可能是內分泌問題造成的脫毛。不管是哪一種狀況，都要及早看醫生並對症下藥，才能及時挽救他們美麗的秀髮。

除了脫毛症狀外，內分泌疾病往往也有一些其他系統的症狀可以讓我們發現，例如：甲狀腺機能低下的狗狗會很容易肥胖、愛睡覺、活動力差、怕冷、心跳緩慢等等，因此千萬不要以為他們只是老了不愛動，而錯失了治療的機會。

至於庫欣氏症除了脫毛外，還可能會發現他們的尿尿、喝水量都變得比較多，而且食慾過度旺盛，好像怎麼吃都吃不飽似的。他們的腹部也會異常的膨大、下垂，很多毛爸媽都以為他們只是變胖，但其實是糖皮質激素過多造成腹部肌肉的鬆垮，如果有這些症狀都應該好好注意。

內分泌疾病也可能會併發其他的問題，例如：庫欣氏症可能會併發糖尿病、高血壓、尿路感染等等，所以千萬不要以為狗狗只是毛髮稀疏就疏忽大意，趕快諮詢動物醫生詳細檢查，才能夠避免後續的更多問題。🐾

我家狗狗最近大便很困難,而且屁屁腫了一大包,但好像有時大有時小,摸起來軟軟的,那是什麼東西?

在屁屁肛門的周圍,到生殖器之間的區域,我們稱為會陰部。這附近有一些骨盆的肌肉,用來支撐直腸及腹腔的器官,如果這些肌肉變得薄弱,無法有效支撐時,就會造成腹腔內的器官向外凸出,形成一個囊袋,在外觀上就會看到一大包團塊,稱為會陰疝氣(Perineal hernia)。會陰疝氣雖然外觀看起來像一個大腫瘤,但實際上裡面通常是一些脂肪和腹腔內的器官,所以常常摸起來軟軟的。這些器官因應身體不同姿勢有時可能會有部分跑回腹腔內,就會使疝氣的團塊變小,而當屁股用力,例如:大便、尿尿的時候,就容易把腹腔的器官推出來,使得疝氣的團塊再度變大。

會陰疝氣除了會在屁股看到團塊之外,通常也會有其他臨床症狀,而這些症狀通常取決於跑出來的是哪些器官。例如:最常脫出的器官就是直腸,由於少了肌肉的支撐,直腸內的糞便沒有辦法被順利推出來,就會造成排便困難,同時這些糞便會不斷累積在直腸內並持續吸收水分,造成大腸擴張並塞滿乾硬的糞塊,使便祕的問題更加惡化。

除了直腸之外,膀胱也有可能會掉進這個囊袋裡面,而同樣因為這個囊袋沒有足夠的肌肉把尿液擠出,就會造成排尿困難的問題,可能會看到毛孩一直跑去蹲廁所,但都尿不出來。不過膀胱的容量畢竟有限,如果撐到一個極限,膀胱擴約肌還是會抵擋不住而讓尿液排出,但是這種因為尿液太多而漏出的狀況就不是毛孩能夠自己控制的排尿,所以也有一些毛爸媽會以為這是尿失禁的問題,其實可能都是會陰疝氣造成的。🐾

狗狗為什麼會疝氣？需要開刀嗎？

造成會陰疝氣的原因不明，但經過研究統計，已經確定這個疾病主要發生在老年犬貓，通常高峰期在 7～9 歲之間，其中未結紮公犬是最常發生這個疾病的族群。如果懷疑有會陰疝氣的問題，一定要帶去動物醫院給醫生檢查。除了觸診之外，最簡單的方式就是透過 X 光或超音波檢查團塊的內部，如果發現團塊內有腹腔器官存在，就能夠確診會陰疝氣。

會陰疝氣通常都要用手術的方式修補，如果疝氣的洞口不大，通常只要用附近的肌肉把洞補起來就可以。有些比較嚴重的病患，附近都沒有足夠有力的肌肉，就有可能需要使用手術補片來修補。由於統計發現未結紮公狗發生會陰疝氣的機率特別高，可能是由於荷爾蒙造成會陰部的肌肉變得脆弱，所以通常除了修補手術之外，也會建議沒有結紮的狗狗一併結紮，避免將來復發。

雖然很多毛爸媽在發現屁股有團塊的時候，可能都會想觀察一陣子，不見得會第一時間就診，但如果發現毛孩有嚴重疼痛、精神食慾不佳，以及團塊發紫、發黑、冰冷的情況，就要趕快找動物醫生看病，因為這種情況可能是掉進囊袋的器官發生扭轉或缺血導致的，通常會需要緊急手術把器官復位，不然有可能會造成器官壞死、腸道穿孔等等，嚴重的話可是會有生命危險的。🐾

我家狗狗常常坐在地上磨屁股，這是為什麼呢？

　　有時候我們會發現狗狗動不動就坐在地上磨屁屁，雖然動作很可愛，但不知道他們為什麼要這樣做。其實這個動作通常代表他們覺得屁屁很癢，想要藉由摩擦地板來抓癢，而屁屁癢最常見的原因就是肛門腺發炎、堵塞，分泌物蓄積在腺體裡面無法順利排出。

　　什麼是肛門腺呢？肛門腺（Anal gland）是一對形狀像水滴狀的腺體，位於肛門的兩側約 4 點鐘及 8 點鐘的方向，水滴狀的囊袋構造可以儲存肛門腺的分泌物，所以又稱為肛門囊（Anal sac）（如圖一），除了狗狗之外，其實貓貓也有類似的構造。

　　肛門腺是做什麼用的呢？肛門腺分泌的液體含有每隻動物身體獨特的費洛蒙，會散發出屬於他們的特殊氣味，動物之間就可以透過這些氣味來辨別彼此。所以我們常常會看到不認識的狗狗在互相打招呼的時候去聞對方的屁屁，目的就是為了去辨別對方的氣味。

圖一

　　肛門腺在正常的情況下，會在排泄時，藉由肛門的收縮隨著大便排出，這些大便就能作為他們專屬的標記，甚至有標示地盤的作用。這也是為什麼每次遛狗遇到其他狗大便時，他們都會很認真地嗅聞一番。

　　然而，有時肛門腺的出口可能會被一些髒汙堵塞，導致分泌物無法正常排出，堆積在肛門囊裡面就容易造成肛門腺紅腫發炎，此時狗狗就會覺得肛門周圍很癢，而頻繁地在地上磨屁屁。但頻繁地摩擦也可能造成肛門附近的皮膚損傷，甚至把肛門囊磨破，造成穿孔、流血等等，這時就需要去找動物醫生治療了。🐾

毛孩的肛門腺要怎麼清潔呢？

　　一般正常狀況下，如果毛孩的肛門腺分泌物能夠順利排出，就不需要特別去清潔。但如果毛孩已經出現磨屁屁的症狀，就可能代表肛門腺已經有輕微堵塞，甚至發炎，此時就需要毛爸媽幫忙他們把蓄積的分泌物擠出來。

　　擠肛門腺的方法很簡單，如同前面所說，肛門腺位在肛門的 4 點鐘和 8 點鐘方向，出口是朝上進入直腸的，所以我們只要用一隻手把毛孩的尾巴抬起來，另一隻手用食指和大拇指摸到這兩個位置，往皮膚裡面按壓，就可以感覺到兩個鼓鼓的囊袋，再稍微用力把囊袋的內容物往上擠，那些分泌物就會從肛門排出。

　　要注意的是，這些分泌物都非常的臭，而且在擠的過程中可能會突然噴濺出來，所以擠肛門腺時，一定要先拿衛生紙墊在手上，並蓋住肛門口後再擠，以免被分泌物噴得滿身都是。如果有免洗的手套，戴上手套操作會更理想，不然臭味可是會跟著你一整天的。

　　如果肛門腺發炎已經嚴重到破裂、穿孔、流血時，就需要去醫院就診了。動物醫生通常都會用消毒藥水幫毛孩清潔並消毒傷口，將傷口上的爛肉和髒汙移除，以免影響癒合。

　　之後就需要毛爸媽注意保持傷口清潔，每天在家消毒傷口兩～三次（尤其是毛孩排泄之後），再配合抗生素治療，通常 2 個星期左右就能夠完全癒合。不過也有少部分反覆發炎的嚴重病例可能會需要手術摘除，這類狀況就需要動物醫生針對個別毛孩的狀況去做詳細評估了。🐾

我家狗狗好像很容易舌頭發紫，甚至有點發黑，怎麼會這樣？

　　毛孩舌頭變藍色或發紫的現象我們稱之為發紺（Cyanosis），有時藍紫色可能會不明顯，看起來像是發黑的顏色，這種情況通常都代表毛孩正處於缺氧狀態。例如：嚴重的氣管塌陷、氣管異物、短吻犬症候群等等。

　　很多小型犬都有氣管塌陷的問題，尤其是約克夏、博美、吉娃娃等等，他們的氣管軟骨鬆弛、黏膜鬆垂，造成氣管無法維持正常圓形管道的形狀，而變成扁平、狹窄的管道。有這種疾病的狗狗，平常可能很容易咳嗽，並發出像鵝叫聲一樣的乾咳聲。而當他們緊張、激動時，有可能會因為氣管過於狹窄而變得呼吸困難，所以有可能會很喘，並出現舌頭發紫的情況。

　　短吻犬症候群的狗狗，例如：鬥牛犬、北京犬等等，常常會因為軟顎過長、鼻孔過小而影響呼吸，再加上他們緊張、激動時可能會造成突然的喉頭水腫，並有可能會出現缺氧、舌頭發紫的情況，尤其在天氣炎熱的夏天要特別小心。

　　除了呼吸道阻塞外，嚴重的支氣管和肺部疾病也有可能導致缺氧，例如：貓的氣喘（Feline asthma）和慢性支氣管炎，會因為支氣管的水腫或收縮、痙攣，導致支氣管變得很狹窄，使得空氣無法順利進入肺部，造成缺氧。嚴重的肺部疾病，例如：肺炎、腫瘤、肺纖維化等等，則會因為肺泡被大量的膿汁、分泌物或腫瘤細胞填滿，導致肺臟無法順利地交換氧氣，而造成缺氧。

　　另外，肺水腫也是老年犬貓造成缺氧的常見原因之一，通常是由於嚴重的心臟疾病導致心臟衰竭，使得肺部的血液無法有效的回收到心臟，造成身體大量水分蓄積在肺泡裡面，影響氧氣交換。毛孩會感覺很像溺水一樣吸不到氣，當然就會舌頭發紫了。

　　除了這些常見的情況外，還有一些毛孩可能因為罹患了罕見的先天畸形而導致慢性缺氧，造成舌頭長期都處於發紫的狀態。這類畸形主要是心臟的結構缺損，或者血管沒有正常發育，導致本來應該回收到肺臟去交換氧氣的減氧血錯誤地跟供應全身器官的充氧血混合，導致全身血液都呈現缺氧的紫色。不

過，這些毛孩雖然全身發紫，卻有可能看不出明顯的不舒服，可以正常生活吃喝。因為他們從一出生就習慣了這個缺氧狀態，反而不見得會有明顯的症狀。

雖然舌頭發紫是很糟糕的狀況，但對某些狗狗來說也有可能是正常的，最常見的就是鬆獅犬，他們天生舌頭看起來就黑黑紫紫的，還常常有大片的黑斑，但其實沒有任何疾病，不用太過擔心。🐾

呼吸道 22 發現毛孩舌頭發紫，需要立刻看急診嗎？

舌頭發紫通常都是很緊急的情況，就跟人類一樣，突然的缺氧可能會導致昏厥甚至死亡。所以如果發現毛孩有突然缺氧、呼吸困難的問題，一定要趕快送急診，給他們足夠的氧氣治療。

如果是不小心吸入異物，例如：花生米等等的東西阻塞氣管或喉嚨，可以嘗試哈姆立克法，快速用力地按壓肚子，試著把異物排除。如果是因為緊張激動而導致突然的呼吸困難，動物醫生有可能會給予鎮靜藥物，讓毛孩慢慢把呼吸的節奏調整過來，再配合氧氣治療就有可能改善。

如果是肺炎感染的問題，除了氧氣之外還會給予抗生素治療，將病原殺死，肺部的情況就能慢慢改善。如果是心臟病造成的肺水腫，光是氧氣治療可能就不足夠，還要配合強而有力的利尿劑，儘快把肺部多餘的水分排除，才能有效改善呼吸狀況。

若毛孩被診斷出有嚴重的短吻犬症候群的問題，應該考慮找有經驗的醫生幫他們手術矯正，使他們的呼吸能夠恢復順暢。嚴重的氣管塌陷可以透過裝置氣管支架，將扁塌的氣管撐起，避免再度阻塞的問題。而如果是心臟衰竭造成的肺水腫，就必須要長期服用心臟藥物，包括強心劑、利尿劑等等來維持心臟功能，避免肺水腫再度復發。

醫生說我家狗狗有氣管塌陷的問題，那是什麼？

氣管塌陷在很多中老年小型犬種都會發生，其中以約克夏為最大宗，有報告指出光是約克夏就占了所有氣管塌陷病例的 1/3 ～ 2/3 之多。其他常見的品種也包括吉娃娃、博美、玩具貴賓、馬爾濟斯、巴哥等等。

正常氣管是一個有彈性的管子，由數個 C 字形的半圓環狀軟骨串連起來支撐管子的直徑，從剖面來看，管子的下方是 C 形軟骨的部分，上方則是薄薄的氣管黏膜，而氣管塌陷（Tracheal collapse）指的就是這個 C 形軟骨因為退化的關係（也有少數是先天性），導致所含的醣蛋白、軟骨素等物質變少，支撐力慢慢下降而無法維持住 C 形，造成管子扁塌。

氣管塌陷可以是局部的或是整個氣管全部塌陷，有時也可能會連帶影響到支氣管跟著扁塌。當氣管扁塌的時候，毛孩就會覺得吸氣很不順暢，好像我們喝珍珠奶茶時吸管被塞住一樣，會想用力吹氣把堵塞的東西吹出去，讓吸管能夠暢通，此時毛孩會做的事情就是用力咳嗽，試著把氣管撐開，所以氣管塌陷的狗狗最常出現的就症狀就是長期的乾咳，而且常常會聽到低沉又帶有尖銳尾音的咳嗽聲，很像鵝的叫聲。

動物醫生通常會藉由拍攝胸腔 X 光來診斷氣管塌陷，而由於氣管在吸氣和吐氣的狀態下容易塌陷的位置不同，所以動物醫生通常會在不同時機拍攝兩～三張 X 光片，看看氣管在不同時間點的管徑有沒有變化。不過，由於氣管塌陷是一個動態的過程，只靠 X 光片還是有可能錯過塌陷的時機而無法診斷，所以其實比較理想的診斷方法是用氣管內視鏡或透視攝影觀察整個氣管隨著呼吸的動態變化，不只能夠避免不小心錯過塌陷的時機，還能進一步針對嚴重程度分級。不過，這兩種儀器都不是一般診所常見的設備，不像 X 光那麼普及，必須要找比較大型的醫院才能做這類型檢查。🐾

我該怎麼知道我家狗狗的氣管塌陷有多嚴重呢？

　　氣管塌陷依照其嚴重程度可以分為四級（如圖一），第一、二級的氣管塌陷大部分都能用藥物良好控制，第三級的氣管塌陷如果長期服用藥物也都還能改善症狀、維持生活品質，但如果狗狗的塌陷程度來到第四級時，就有可能會嚴重阻礙呼吸，除了咳嗽之外還可能會比較喘，尤其是緊張時甚至還有可能會出現呼吸困難的情況，這麼嚴重的狗狗就有可能會需要考慮植入氣管支架來改善塌陷的問題。

　　然而，氣管支架的手術需要特殊的技術，並不是每間動物醫院都能做，手術的效果也因動物而異，毛爸媽還是要帶狗狗給醫生詳細檢查評估，才能選擇對他最好的治療。🐾

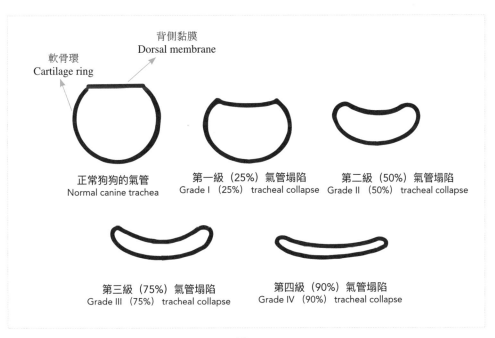

背側黏膜
Dorsal membrane

軟骨環
Cartilage ring

正常狗狗的氣管
Normal canine trachea

第一級（25%）氣管塌陷
Grade I（25%）tracheal collapse

第二級（50%）氣管塌陷
Grade II（50%）tracheal collapse

第三級（75%）氣管塌陷
Grade III（75%）tracheal collapse

第四級（90%）氣管塌陷
Grade IV（90%）tracheal collapse

圖一

我家狗狗最近常常喘氣，好像還發燒了，醫生說他得了吸入性肺炎，那是什麼呢？

吸入性肺炎（Aspiration pneumonia）通常是因為嗆到、不慎吸入食物，使得食物中的細菌在肺臟裡面繁殖，進而導致肺部嚴重的感染發炎。輕微時可能只看到咳嗽的症狀，如果嚴重就可能造成大片肺葉的損傷，造成喘、呼吸困難等狀況。

嗆到造成吸入性肺炎的情況有可能是年輕幼犬吃東西太急而造成的，或者是毛爸媽強迫灌食時因為掙扎而不慎嗆入。另外也常發生在咽喉功能較差的動物，尤其短鼻子的犬種包括鬥牛犬、北京犬、巴哥等等，他們因為平常呼吸已經比較不順，吃東西就相對比較容易嗆到。還有一些是本來有其他疾病，例如：頻繁嘔吐、巨食道症或咽喉麻痺的動物，也會比較容易誤將食物吸入呼吸道而造成肺炎。

如果狗狗每次吃飯都很心急地狼吞虎嚥，為了避免他們吃太快嗆到，可以嘗試少量多餐的方式，或者使用「慢食碗」來減慢他們吃飯的速度。另外也可以讓他們玩一些益智玩具，讓他們必須經過遊戲的挑戰才能拿到零食，不僅減慢進食的速度也可以訓練他們變得更聰明。

短吻犬種如果呼吸時有很大的鼾聲，讓他們明顯呼吸不順的話，可以帶去請動物醫生評估是否需要做手術矯正異常的結構，既能改善呼吸也比較不容易嗆到。🐾

我家的鬥牛犬鼾聲好大聲，一直發出豬叫聲，這樣是正常的嗎？

　　鼾聲和豬叫聲通常都是上呼吸道阻塞的表現，也就是鼻子、咽喉到頸部氣管這一段的呼吸道出了問題。有些品種的狗狗鼻子長得特別短，我們稱為短吻犬種（Brachycephalic breeds），包括法國鬥牛犬、英國鬥牛犬、巴哥、波士頓、西施、北京犬、拳師犬等等。這類犬種從小在呼吸時就常常會發出豬叫聲或鼾聲，這種情況往往都是「短吻犬阻塞性呼吸道症候群（Brachycephalic obstructive airway syndrome, BOAS」的表現。

　　除了發出豬叫聲之外，由於長期呼吸不順，他們也會比較容易喘，無法承受劇烈運動。由於散熱能力差，再加上呼吸費力又會增加體溫，他們也很容易中暑或熱衰竭。在呼吸不順的同時，進食也會比較辛苦，除了前面說的容易嗆到之外，因為吸氣用力導致腹部壓力較大、擠壓胃部，他們也很容易嘔吐和胃酸逆流，頻繁地嘔吐加上喘又造成他們更容易不慎嗆入食物。

　　BOAS 是好幾種先天性的結構異常組合在一起的結果，其實這樣的疾病在原本的自然界並不常見，但是由於人類幾百年來的育種篩選，刻意篩選基因讓這類犬種的鼻子和上顎變得越來越短，導致臉部的所有結構必須擠在這個狹小的空間裡，造成多種結構的畸形。

　　BOAS 常見的結構異常包括鼻孔狹窄（鼻孔太小吸不到氣）、鼻甲骨增生（鼻腔裡面有所謂鼻甲骨的結構，鼻甲骨如果增生就可能阻礙氣流）、舌根肥厚、軟顎過長、喉小囊外翻（阻礙空氣由咽喉進入氣管）等等，同時他們也常常有軟骨發育不全的問題，可能導致喉頭塌陷或氣管發育不全，讓呼吸更加困難。所以別看鬥牛犬傻呼呼的樣子，發出豬叫聲好像很可愛，其實他們隨時隨地都在承受著呼吸困難的痛苦，非常可憐。🐾

我家鬥牛犬常常喘氣，要怎麼照顧他比較好呢？

針對前面說到 BOAS 的狗狗，首先在生活上可以盡量避免他們過熱，室內要注意通風、夏天要開電扇或冷氣，出外散步也要注意氣溫，不要在大熱天或中午出門，減少他們中暑的風險。另外脂肪堆積也會造成呼吸道的壓迫，惡化阻塞的情況，尤其鬥牛犬通常很貪吃，一定要好好控制他們的體重不要過胖。

當然，有 BOAS 情況的狗狗最好能帶去給動物醫生評估，確認他們的嚴重程度是否已經達到需要手術矯正的標準。我們可以利用整型手術的方式幫他們把鼻孔擴大，矯正過長的軟顎和外翻的喉小囊等等，手術完就能有效改善鼾聲的情況。也許有些短吻犬的毛爸媽會覺得鼻孔擴大之後好像會變得不好看、不可愛，但是有很多毛爸媽在狗狗手術完之後都會跟我們說，從來沒看過他呼吸這麼順暢、睡得這麼好、白天這麼有精神的樣子。

一個小小外觀上的改變，就可以大幅改善他們的生活品質，是非常值得的。如果毛孩有需要的話，這種矯正手術其實越早做越好，可以讓他們早點從呼吸困難的痛苦之中解脫，不要拖到病情嚴重才來處理就麻煩了。🐾

我家老狗最近常常打噴嚏，還會流黃綠色的鼻涕，這個也是感冒症狀嗎？

中老年狗貓打噴嚏、流鼻涕、鼻膿，有很多常常不是源自於呼吸道的疾病，反而是一種叫做口鼻廔管（Oronasal fistula）的問題。

有些毛孩的牙齒因為沒有常常清潔的關係，產生了嚴重的牙周病，造成牙根周圍的組織破壞、流失，而這狀況如果發生在上顎的大牙齒，尤其是犬齒的時候，就可能在齒根產生膿瘍，甚至破壞到上顎的骨頭，造成上顎穿孔，形成一個連通到鼻腔的通道，口腔的細菌就會經由這個通道跑到鼻腔內感染，形成化膿的鼻涕，造成毛孩打噴嚏和流鼻涕。如果是這種狀況，光是治療鼻子是沒有用的，必須要好好地把口腔的牙周病問題處理好，才能完全根治。

如果懷疑是口鼻廔管的問題，就需要經由動物醫生檢查口腔牙周的狀況來確認，一旦確認有嚴重的牙周病造成口鼻廔管，光是吃藥是無法根治的，必須要麻醉進行完整的牙周治療，並且修補廔管的位置，關閉不正常的通道，才能永除後患。🐾

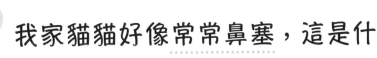

我家貓貓好像常常鼻塞，這是什麼問題？

貓貓鼻塞最常見的原因就是皰疹病毒感染，造成打噴嚏、流鼻水等等，這部分在本書的傳染病章節已經有詳細討論過。除了病毒感染之外，有些貓貓也可能因為細菌感染造成鼻腔發炎或慢性鼻竇炎，產生大量分泌物蓄積在鼻腔內，造成嚴重鼻塞。這些細菌並不一定是來自鼻腔本身的問題，還有很多貓貓是因為牙齒沒有清潔導致嚴重牙周病、牙根化膿，一路破壞上顎的組織穿孔到鼻腔裡面去，形成口鼻廔管，導致口腔的細菌侵入到鼻腔，進而產生大量鼻膿。

除了感染外，也有貓貓會在鼻腔或咽喉部長出息肉，擋住鼻腔或咽喉的通道，造成上呼吸道阻塞。在老年動物，腫瘤也是非常常見的可能性之一。有些腫瘤長在鼻腔或咽喉，或是口腔的腫瘤侵犯到鼻腔，都可能形成明顯的團塊阻礙呼吸。這些毛孩除了可能會發出豬叫聲或鼾聲外，很多惡性的癌細胞也會破壞骨骼，造成毛孩的鼻子不正常凸起或凹陷、臉部不對稱、流鼻血、疼痛等等，同時毛孩可能也會出現食慾變差、消瘦的情況，毛爸媽一定要特別注意。🐾

如果懷疑毛孩的鼻子或咽喉有問題，要做什麼檢查呢？

　　由於我們從外觀上不容易看到鼻腔內部和咽喉的結構，一般來說，家庭醫生都會建議先拍攝 X 光，做一個最初步的檢查。然而，由於鼻腔附近有太多構造重疊在一起，可能會造成 X 光在判讀上的困難，所以目前在鼻腔、咽喉疾病最詳細的檢查方法通常還是電腦斷層掃描（CT scan）。

　　電腦斷層掃描可以提供各種角度的 3D 立體影像，讓我們把鼻腔和其他周圍器官的結構看得一清二楚，如果有腫瘤也能確認它侵犯的範圍有多大，幫助動物醫生在手術前做好完整的規劃，是非常好用的診斷工具。電腦斷層掃描除了可以看到靜態的結構影像外，如果想要確認咽喉部的運動功能，也可以使用喉頭鏡檢查。喉頭鏡是大部分動物醫院會使用的常規器材，在動物醫生幫毛孩插管時可以用來協助找到氣管入口。喉頭鏡可以把舌根往下壓，讓動物醫生直接看到咽喉部和聲門的運動，而如果毛孩有喉頭麻痺、咽喉部息肉或腫瘤的問題，通常用喉頭鏡就能看到。

　　如果是懷疑吞嚥功能障礙，還可以使用透視攝影的方式檢查毛孩吞嚥的過程有沒有問題，也可以順便檢查食道有沒有狹窄或腫瘤等等。此外，在鼻腔檢查的部分還有鼻腔內視鏡，能透過攝影鏡頭直接看到鼻腔內部的狀況，如果發現有團塊可以直接採樣，有異物也能直接把它夾除，也是非常方便的工具。不過這幾種檢查都是比較高階的影像檢查設備，能夠提供這類服務的動物醫院並不多，有需要的毛爸媽可以先向家庭醫生詢問，請醫生協助轉診。🐾

醫生，我家狗狗怎麼會流鼻血？

有些人在天氣乾燥、火氣大、情緒激動、血脈賁張的時候可能會不自覺的流鼻血，而狗狗、貓貓跟人類一樣，偶爾也會有流鼻血的問題，但是他們就比較少跟情緒有關，通常都是由潛在的疾病造成。

年輕的動物流鼻血，有可能是因為凝血功能不全造成，例如：不小心誤食老鼠藥而中毒的狀況。老鼠藥的作用機制是抑制身體凝血的因子，造成血液無法凝固，使老鼠因為大量出血而死亡。如果毛孩不小心吃到老鼠藥，就有可能出血不止，除了流鼻血之外，可能還會看到皮膚出現莫名的瘀青、出血斑，也有可能會吐血、拉血等等，胸腔或腹腔內也可能會有看不到的內出血。全身性的凝血異常是非常嚴重的問題，一定要趕快就醫。

其他造成凝血問題的疾病還有血液寄生蟲，例如：焦蟲、艾利希體感染，以及自體免疫攻擊血小板的疾病，都有可能造成血小板數量不足而無法有效凝血，進而出現流鼻血的症狀。

除了凝血功能異常之外，老年動物如果流鼻血，一定要排除鼻腔腫瘤的可能性。有些癌症會侵犯鼻腔及鼻腔周圍的骨骼，大量破壞鼻腔組織，造成鼻腔內出血而產生流鼻血的症狀，除了流鼻血之外，也可能會造成明顯的鼻塞，外觀上可能會看到毛孩的鼻梁或臉部出現不對稱的隆起或凹陷，嚴重的甚至可能會擠壓到眼球。如果有這些狀況，一定要趕快給動物醫生檢查，看看是不是有腫瘤的問題。

除了前述兩種重大問題之外，嚴重的鼻腔感染，包括細菌和黴菌的感染，也都有可能造成流鼻血。不過細菌感染通常以看到黃綠色的膿樣分泌物居多，而鼻腔的黴菌感染在台灣則比較少見，通常是在歐美的郊區才會有比較多的案例。🐾

毛孩流鼻血,需要做什麼檢查嗎?

　　動物醫生會幫毛孩抽血檢查血小板數量及凝血功能指標,來判斷毛孩的凝血功能是否健全。如果家裡有可能會誤食的老鼠藥,一定要記得告訴動物醫生並且把包裝帶去給醫生參考。如果不慎中毒,醫生可以藉由施打維他命 K 和輸血的方式,來補充流失的血液及凝血因子。

　　而血液寄生蟲的部分,則可以藉由抽血快篩檢查和實驗室的 PCR 診斷來確認,確診後就可以使用抗生素或殺蟲藥來治療。而自體免疫疾病的問題,則可以藉由免疫抑制劑來調整。

　　如果是懷疑鼻腔腫瘤,通常動物醫生會先拍攝 X 光做初步的判斷,但是確診往往會需要電腦斷層 CT 檢查,才能檢查到完整的鼻腔結構。如果看到團塊,就有可能會用鼻腔鏡和採樣針進行採樣,詳細確認是哪一種癌細胞,才能準確地進行化療。有些更深入的病例,可能還會使用放射線治療的方式來抑制癌細胞的生長,這部分就會需要諮詢腫瘤專科的動物醫生,制定最適合毛孩的醫療計畫。

　　除了前述這些比較嚴重的疾病外,也有一些狗狗是去山上散步,或跑去溪邊游泳玩水,回到家後開始打噴嚏、流鼻血,仔細一看才發現他們的鼻孔有一條黑黑的東西時不時探出頭來。原來是溪裡的水蛭誤打誤撞跑到他們的鼻子裡面,黏在鼻黏膜上吸血。由於水蛭會分泌多種抗凝血酶,所以被叮咬的傷口會持續流血,而且水蛭吸附後很難鬆脫,還會躲進鼻腔裡,因此毛爸媽通常很難抓到他們。

　　然而,對付水蛭其實是有小技巧的,由於水蛭不喜歡高溫的環境,所以動物醫生可能會請爸媽帶狗狗去跑步運動,把身體溫度拉高後,再把一盆涼涼的清水放在狗狗鼻孔前面,這時水蛭就可能會想要往低溫的清水裡面移動,只要他們探出頭來,動物醫生就可以用夾子把水蛭移除了。🐾

我家狗狗耳朵好臭、一直抓耳朵，是怎麼回事呢？

　　耳朵可以分為三個部分：外耳、中耳和內耳，一般我們從毛孩外觀能看到摸到的部分，包括耳廓和耳翼都屬於外耳，而中耳和內耳則在鼓膜裡面，進入頭骨的內面，一般我們是觸碰不到的。耳朵臭、耳屎多、耳朵發紅、耳朵癢一直抓，絕大多數都是「外耳炎」的問題。

　　什麼是外耳炎呢？主要是因為一些狀況導致耳道環境變得不健康，例如：過敏、異物、寄生蟲、自體免疫疾病等等，造成耳朵發炎紅腫，毛孩就會覺得很癢或疼痛，而想要用手腳去抓，但是一直抓的情況下又會更刺激正在發炎的耳朵，毛孩的指甲也會在耳朵上造成新的傷口，指甲上的髒汙又進一步汙染整個耳朵和傷口，造成後續感染新的細菌或酵母菌，以及大量髒臭的分泌物，如此惡性循環就會讓整個外耳炎一發不可收拾。

　　一般來說，垂耳的狗狗較容易發生外耳炎，例如：黃金獵犬、拉布拉多，以及護國神犬米格魯等等，他們的耳翼會垂下來蓋住耳道，使得耳道比較不通風，容易悶熱潮濕，造成耳道環境的不健康。皮膚不好的狗狗也容易發生外耳炎，因為耳朵也是整個皮膚系統的一部分，如果皮膚常常過敏、紅腫，保護力就會下降，耳道的環境就會不健康。如果沒有定期預防外寄生蟲，尤其是幼犬，就比較容易得到耳疥蟲，這些蟲會造成大量的耳垢，加上明顯的搔癢，也會使外耳容易發炎，需要用藥物將這些寄生蟲驅除並定期預防。目前市面上有很多 1 個月使用一次，或 3 個月使用一次的外寄生蟲預防藥，除了可以預防跳蚤、壁蝨之外，大部分也都能預防耳疥蟲，只要定期使用，就能避免耳疥蟲找上門。🐾

要怎麼預防狗狗的耳朵發炎呢？

　　外耳炎有什麼預防的方法呢？其實避免外耳炎最好的方法就是保持耳道的清潔和通風，如果是耳道環境健康、功能正常的動物，應該能夠自行將耳道內的髒汙排出，你會看到耳朵都是保持乾爽、乾淨的淡粉紅色。在耳道健康的情況下，就不一定需要特別去幫他清理。但如果是皮膚不好容易過敏的狗狗，或者是垂耳的品種，因為耳朵蓋住不通風，毛爸媽就要多留意他們的耳道有沒有開始髒臭。

　　如果真的發生了外耳炎，就要去看醫生並給予適當的治療，如果乖乖遵照醫生的指示，一般來說單純的發炎大概 1～2 週就能慢慢穩定。發炎的耳道已經失去正常排除髒汙的功能，所以就需要仰賴毛爸媽定期幫毛孩清潔耳朵，剛開始比較嚴重時，可能 2、3 天就需要清一次，之後再視情況慢慢延長到 1、2 個星期或 1 個月一次。至於清潔的方式，過去很多人會拿棉花棒伸進毛孩的耳道想把耳屎掏出來，其實這是錯誤的做法。

　　首先，毛孩的耳道並非像人類一樣是筆直的，他們的耳道呈 L 型（如圖一），由最外面的垂直耳道往內走，會經過一個 90 度的轉角才來到水平耳道。當我們把棉花棒從外耳道口往內伸進去的時候，其實反而是把整個垂直耳道內的髒汙都往內推進去，反而讓它們蓄積在轉角處，不只清不乾淨還適得其反。

　　再者，一般的棉花棒相對於毛孩的耳道來說都太大，幾乎占滿整個耳道的空間，棉花棒在耳道內前後移動的過程反而一直在磨擦、刺激耳道壁，造成更多微小的傷口，也使耳道更容易感染發炎。

　　正確清潔耳道的方法應該是使用動物醫生建議的合格清耳液，一手輕拉毛孩的耳翼將整個耳道拉直，另一手將清耳液灌入耳道中直到看到液面，然後用手指由耳朵外面按摩整個耳道十五～二十次，使液體和耳道內的分泌物均勻混合、溶解耳垢，之後就放手讓毛孩自己將清耳液甩出來。

甩出來之後有些髒汙會沾附在耳翼內面，這時就可以用棉花棒或衛生紙清潔耳道外面、耳翼內側的皮膚（注意不要伸進耳道裡），擦乾淨之後就大功告成了，這樣既可以清潔到耳道的最深處，又不會有異物進入耳道造成刺激，是最能保持耳道清潔的方法。🐾

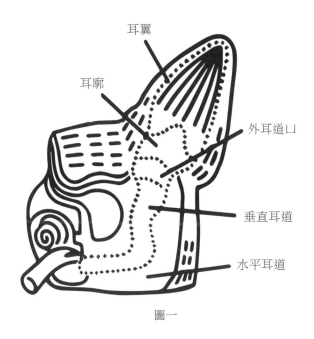

耳翼

耳廓

外耳道口

垂直耳道

水平耳道

圖一

毛孩小知識

清耳朵
教學影片

我家狗狗最近眼角內側凸起一顆粉紅色的肉球,是長針眼嗎?

狗狗眼角內側凸起一塊粉紅色的肉球,其實不是長針眼,而是一種俗稱櫻桃眼(Cherry eye)的疾病,正式名稱為「第三眼瞼腺體脫出(Prolapse of third eyelid gland)」。

正常狗貓除了上下兩片眼皮(眼瞼)外,在雙眼的內側眼角,還會有一片三角形的薄膜,稱為第三眼瞼(Third eyelid)。正常的狗貓眼球會需要一層淚膜來保持眼球表面的濕潤,這層淚膜不單只有水性的成分,而是由水分、油分和黏液混合而成。油性的部分由自眼瞼上的腺體分泌;黏液的部分來自結膜上的腺體;而水性的部分就來自淚腺。

每個眼睛都有兩個主要的淚腺,一個在眼球的外上方,另一個就位在第三眼瞼裡。第三眼瞼腺體所分泌的淚液占了正常狗貓淚液量的三~五成,是非常重要的結構。然而,這個腺體有時會不小心往外脫出,脫出的部分又常常發炎腫大,並在眼角內側形成一塊凸出的粉紅色肉球,因為看起來很像小櫻桃的樣子,所以被稱為櫻桃眼。

櫻桃眼在狗狗和貓貓都有可能發生,但狗狗發生的機率明顯高於貓貓。櫻桃眼的發生跟遺傳體質有關,有一些品種特別容易發生,例如:可卡犬、米格魯、北京犬、沙皮狗、鬥牛犬、牛頭梗、波士頓等等,都是這個疾病的好發品種,其中又以幼犬及不到兩歲的年輕狗發生率最高。

那麼,為什麼第三眼瞼的腺體會突然脫出呢?大多數情況都是因為這些毛孩第三眼瞼附近的結締組織先天發育不正常,造成本來應該固定位置的腺體鬆脫,向外脫垂。由於是先天發育的問題,通常病患的雙側眼睛最終都會演變成櫻桃眼,但不一定同時發病,也有可能在不同的時間點只看到單側發病。脫出的腺體可能造成眼睛不適、有異物感,也可能會影響淚液分泌,形成黏液樣的

分泌物、併發結膜炎等等。有些狗狗會忍不住去抓癢，就有可能抓傷眼睛，造成角膜潰瘍，引發一連串的問題，毛爸媽實在不能輕忽。🐾

如果發現毛孩有櫻桃眼的狀況，雖然稱不上是急診，但也應該儘快帶他們去找動物眼科醫生檢查和治療。由於櫻桃眼是一種先天結構的缺陷，光是點眼藥是無法治癒的，必須要用手術的方式將它復位。在以前的年代，我們曾經以為櫻桃眼是眼角內側的增生或腫瘤，所以手術時就直接把凸出的團塊切除。然而後來發現，第三眼瞼的腺體其實是狗狗很重要的附屬淚腺，如果貿然切除，術後就有可能引發狗狗長期的乾眼症，並影響眼角膜的健康。依照目前眼科專科醫生的建議，櫻桃眼的正確治療方法應該是將第三眼瞼腺體固定回原本的位置，保留這個重要的腺體。但是復位手術比起直接切除還要來的麻煩許多，需要比較多的眼科手術經驗，建議毛爸媽諮詢眼科專門的醫院或醫生，才能有效治療，讓毛孩保有水亮亮的大眼睛。

EARS&EYES

耳朵＆眼睛

36 我家狗狗耳朵突然腫一大包，好像粽子一樣，是怎麼回事？

有時會發現狗狗的耳翼整個腫起來蓬蓬的像個粽子一樣，摸起來又水水的好像蓄積了一堆液體在裡面，這種狀況通常都是「耳血腫」的問題。

什麼是耳血腫呢？其實狗狗的耳翼部分是由兩片皮膚包覆著一大片軟骨，像夾心餅乾一樣的結構構成。正常狀況下，軟骨兩面的皮膚都是緊貼著軟骨的，但當耳朵發炎得比較嚴重時，耳道內可能化膿或有血水，狗狗會不停地甩頭想把這些液體甩出來，在連續、大力甩頭的過程中，皮膚下方的微血管可能

就會受傷出血，蓄積在軟骨和皮膚之間，使皮膚和軟骨不再緊貼。當這些血水越積越多，皮膚下方的空間越撐越大，最後就形成了一整個像水球一樣的血腫。

耳血腫主要源於狗狗頻繁的甩頭，尤其垂耳的狗狗更容易發生。這些垂耳的狗狗一旦耳翼皮下開始少量出血，就會因為重力的關係蓄積在耳翼末端，而不容易被吸收回去。而前面也提過，狗狗頻繁甩頭最常見的原因就是外耳炎，因此治療耳血腫時也會建議同時要控制外耳炎，才不會治標不治本。🐾

狗狗耳朵腫起來，需要開刀嗎？還是擦藥就可以了呢？

如果發現耳血腫，必須儘早就醫，否則血水只會越積越多，越腫越大。關於耳血腫的治療，有些動物醫生會嘗試用針將蓄積的血水抽出，再打入一些消炎藥物，看看能不能讓撐開的皮下空間慢慢癒合。然而，這種方法通常比較容易復發，因為皮膚已經和底下的軟骨分離，只要再有血水分泌，很快又會蓄積在裡面。

因此，大多數的動物醫生會比較建議手術治療，將皮膚劃開一個大傷口讓血水完全流出，再用很多道小縫線將皮膚和底下的軟骨縫合，使它們之間不再有空腔，劃開的傷口不讓它完全關閉，會保留一道裂縫讓日後產生的血水可以順利排出不殘留，最後再將耳翼往頭上包紮，就不會一直垂耳造成液體蓄積。

除了手術外，術後的照顧也很重要，狗狗一定要戴上伊莉莎白頸圈（羞羞圈）防止他再抓傷耳翼或大力甩耳，另外也要治療最根本的外耳炎問題，保持耳道清潔和點藥，才能從根本上解決問題。這樣的治療方式雖然耳朵在手術完初期會醜醜的，但若照顧得好通常1、2週內就可以順利痊癒。不過切記康復後一定要照顧好耳道衛生，不然若耳朵一直發炎，將來還是有可能再復發。🐾

我家狗狗其中一邊的眼睛變得異常腫大，還向外凸出，這是怎麼回事？

　　狗狗的眼睛變大變凸出，其中一種可能性是眼睛內部或眼睛後方長了腫瘤，造成眼睛腫大，或後方團塊把眼睛向外推。另一種更常見的可能性則是所謂的牛眼症（Bull eye），這通常是由青光眼所造成。

　　什麼是青光眼呢？青光眼（Glaucoma）指的是眼球內部的壓力上升，超過正常的眼壓，進而造成眼球內部結構和神經系統損傷的疾病。那為什麼眼球內部的壓力會異常上升呢？通常是跟眼房水（Aqueous humor）的循環有關。在正常狀況下，眼球的睫狀體會分泌眼房水，在眼球內部流動，最後從眼前房的靜脈竇排出。而如果產生和排出的過程出了問題，造成大量眼房水蓄積在眼球內部，就會使眼內壓上升。過高的眼內壓會壓迫眼球內部的構造，造成缺血、缺氧和壞死的病變，如果造成視網膜及視神經盤壞死，毛孩就有可能永久失明。

　　青光眼的原因可以分成先天和後天兩大類，先天性的青光眼跟家族遺傳有關，他們眼房水排出的結構可能有先天異常，造成眼房水堆積，而且常演變成雙側的青光眼。如果家中有先天性青光眼的狗狗，要小心他的子女也有可能遺傳到青光眼的問題。

　　此外，還有一些犬種也比較容易發生青光眼，例如：美國可卡犬、巴哥、鬆獅犬、沙皮狗、拉不拉多、哈士奇等等，都有比較高的患病風險。而後天的青光眼又稱為二次性青光眼，意思是先有其他的眼部疾病而後才導致的青光眼問題。常見會造成青光眼的眼部疾病，包括眼內發炎、嚴重白內障、水晶體異位、眼內腫瘤、眼內積血等等，都有可能會阻礙眼房水的排出，進而造成青光眼。🐾

怎麼知道狗狗得了青光眼？

　　青光眼不一定都會看到眼睛腫大凸出，早期的青光眼可能沒有明顯症狀，只有在仔細看的時候可能會發現他們眼白區域的血管比較擴張，瞳孔對光線的收縮反應稍微變慢等等。

　　到了中期的青光眼，有些狗狗可能就會開始覺得眼睛疼痛、眼白充血發紅、瞳孔輕微放大、黑眼珠開始變得白白霧霧等等。若是拖到晚期的青光眼，狗狗的眼睛就會因為壓力過高而劇烈疼痛，此時毛爸媽可能會發現毛孩的脾氣變得異常暴躁、本來很乖的狗狗變得很兇、碰觸他們的臉部就會想咬人等等，其實不是他們的性格改變，而是劇烈的疼痛實在難以忍受。

　　晚期的青光眼也常有明顯眼睛腫大的牛眼症，瞳孔會持續放大無法收縮，黑眼珠也可能整片變白、變混濁，此時通常那隻眼睛都已經失明，無法再看到外界的東西了。

　　青光眼可以藉由測量眼壓來診斷，動物眼科醫生會使用眼壓筆來測量毛孩眼球內部的壓力，配合檢眼鏡、裂隙燈來檢查眼球內部的構造，綜合判斷是否有青光眼的問題，並尋找造成青光眼的原因。🐾

毛孩得了青光眼，要怎麼治療呢？

　　早期、輕微的青光眼可以使用眼藥水來幫助眼房水排出，藉以降低眼壓，如果反應良好就可以靠著長期點藥來穩定、控制病情。但若是眼藥水治療的效

果不佳，或是情況比較嚴重，可能會需要手術治療。

目前來說，併發症最少的方式就是做青光眼雷射手術，這種手術需要的儀器和技術比較特別，只有少數動物眼科專科的醫生才有能力操作。如果毛孩有需要，可以請家庭醫生幫忙轉介到眼科專科醫院做進一步的評估。不過，有些末期青光眼的狗狗可能已經太嚴重，眼球內的結構已經被破壞殆盡，即便做青光眼手術也沒有辦法挽救視力，此時就有可能會建議把罹患青光眼的那隻眼睛摘除，並裝上人工義眼來保留正常的外觀。

眼球摘除雖然聽起來很可怕，但其實嚴重青光眼的狗狗一天 24 小時都在承受巨痛，有些甚至食不下嚥，也沒辦法好好睡覺，是非常可憐的，如果能儘早移除造成疼痛的眼睛，對他們來說才是最大的救贖。當然，選擇哪一種治療方式，都會需要動物醫生仔細專業的評估，選擇對他們最好的方式。🐾

耳朵 & 眼睛

41

我家北京犬的眼睛常常有黏黏的分泌物，看起來眼睛很乾，該怎麼辦？

很多眼球比較大、比較凸起的狗狗都容易有眼睛乾澀的問題，有些嚴重的狗狗，甚至會發現他們眼球好像龍眼乾一樣，整個很乾燥，表面甚至有點皺皺的、凹凸不平，還可能有很多黃黃綠綠的黏稠分泌物附著在眼球上，這種情況通常是乾眼症的問題。

乾眼症顧名思義就是眼淚分泌不足，造成眼球表面乾澀。想要維持眼睛水亮健康，正常淚腺分泌的眼淚其實占了非常重要的角色。正常充足的眼淚具有殺菌、清洗眼球、保護眼部、免疫及提供眼角膜營養等多種功能，如果眼淚分泌不足，眼球就喪失了重大的保護，很容易感染發炎。

除了分泌量要充足之外，眼淚的品質也非常重要。正常的眼淚不是單純水性的液體，而是含有蛋白質、脂質和其他養分，有點油性和黏性的液體。品質

良好的淚液可以停留在眼球表面，形成一層薄薄的淚膜，阻擋外界的髒汙和病菌。如果狗狗分泌的眼淚太偏水性，無法停留在眼球表面，這樣即使有足夠的分泌量也無法維持眼球的健康，也是乾眼症的其中一種表現。

什麼原因會引發乾眼症呢？其實原因非常多樣。如同前面所說，有些犬種有先天或遺傳的因子比較容易發生乾眼症，眼睛比較凸起的犬種，例如：北京犬、巴哥、西施、吉娃娃、波士頓等等都比較容易發生乾眼症，還有馬爾濟斯、約克夏、可卡犬、英國鬥牛犬等等都是好發乾眼症的體質。

除了遺傳之外，老年狗淚腺逐漸萎縮也有可能引起，或是自體免疫攻擊、犬瘟熱感染，以及不當使用人用的眼藥水，都有可能引發乾眼症。另外之前提過的櫻桃眼，如果治療的手術方法是將第三眼瞼腺體切除，也會因為失去重要的淚腺而引發後續的乾眼症。

乾眼症的眼球由於失去了淚液的保護，表面的角膜缺乏營養就會變得脆弱，容易受傷和感染。大多數狗狗的乾眼症都是比較慢性的，分泌的淚液量隨著時間慢慢減少，使得眼睛越來越不健康。剛開始眼睛可能會發紅、發炎、結膜充血腫脹，產生黏稠的分泌物等等。久而久之，表面的角膜就有可能開始色素沉澱、纖維化，變得不透明。而如果是急性的乾眼症，可能會造成明顯的疼痛及嚴重的角膜潰瘍，如果同時有細菌感染又沒有及時處理的話，角膜可能會持續被破壞、溶解，甚至穿孔，非常不舒服。🐾

怎麼知道毛孩得了乾眼症？應該怎麼治療呢？

毛爸媽平時就要注意毛孩的眼睛是否水亮清澈，有沒有異常的分泌物或明顯不適？如果發現毛孩眼睛乾澀，可以請動物醫生檢查，做淚液試紙的測試。

動物醫生會將淚液試紙放在毛孩的結膜腔內，等待 1 分鐘的時間，讓淚液藉由毛細現象在試紙上前進。正常狗狗的淚液應該足以讓試紙濕潤超過 15 毫米，如果結果在 10 ～ 14 毫米之間，就會懷疑是早期的乾眼症，而如果狗狗的淚液在試紙上少於 5 毫米，就算是嚴重的乾眼症了。

乾眼症的治療通常會包含眼藥水和人工淚液，動物醫生會視病情需要給予一些油劑的眼藥配方，可以促進淚腺功能改善，增加眼淚的分泌。另外也會同時給予人工淚液，幫助清洗眼部、保護和滋潤角膜。如果眼球表面已經併發感染，動物醫生也會同時使用抗生素眼藥水來控制，對於疾病的控制也是非常重要的一環。🐾

EARS&EYES

耳朵＆眼睛

43

我家狗狗得了乾眼症，平常應該怎麼保養呢？

在日常照護上，保持眼部的清潔是非常重要的，毛爸媽可以常用生理食鹽水幫毛孩清潔眼屎和眼球分泌物，避免髒汙殘留。有些人以為用了生理食鹽水就不需要再用比較貴的人工淚液，其實這是錯誤的想法。如同前面提過的，水性的液體雖然可以幫助沖走眼球表面的髒汙，卻不能留在眼球表面做持續的保護。所以通常動物醫生會給予比較具有黏性的人工淚液，這種人工淚液會黏附在眼球表面形成一層保護膜，才能達到長時間滋潤的效果。

此外，人類使用的眼藥水並不是每個都適用於動物，有些眼藥水，例如：磺胺類藥物甚至反而會造成乾眼症惡化，毛爸媽一定要聽從動物醫生的指示，千萬不要自己去藥房買藥，或拿自己的眼藥水給毛孩使用，否則很可能會弄巧成拙，讓病情更加不可收拾。🐾

我家法鬥最近常常抓眼睛，看起來眼睛紅紅的，還一直流眼淚，是什麼問題？

任何眼睛疾病造成的不適，都有可能會使毛孩眼睛發紅、水腫、流淚，其中最常見的原因就是角膜潰瘍。黑眼珠最表面的那一層膜稱為角膜，是一層透明、平滑、清澈透光的膜，如果這層膜受到損傷，我們就稱為角膜潰瘍。由於角膜表面有很多神經，所以當角膜潰瘍受傷時，毛孩會覺得眼睛明顯疼痛、畏光、眼睛睜不開、流淚增多等等。就像人類在眼睛不舒服的時候會想要揉眼睛一樣，毛孩覺得眼睛不舒服的時候也會想要用前手抓眼睛。然而他們的指甲太長，很容易就會把眼睛抓傷，所以角膜潰瘍不只是造成眼睛不舒服的原因之一，也是其他眼部疾病最常發生的併發症。

除了抓傷是角膜潰瘍最常見的原因之外，其他創傷也很常見，尤其是在眼睛比較凸的狗狗，例如：北京犬、西施、吉娃娃、巴哥、鬥牛犬等等，很容易因為打架、或奔跑時不小心撞到東西而造成角膜受傷。有些先天結構的異常也很容易造成角膜潰瘍，例如：眼瞼或睫毛的畸形，眼瞼內翻、睫毛倒插、睫毛重生異位等等，都有可能造成眼瞼或睫毛在眨眼的過程中不斷摩擦眼球表面，造成角膜的刮傷。長毛的動物也要小心眼球周圍的毛髮，有時眼睛周圍毛髮過長，可能會不小心進入眼瞼內刮傷角膜，造成角膜潰瘍。

除了物理性的創傷之外，洗毛精和其他化學藥劑造成的化學灼傷也不可小覷，如果毛孩不小心被洗毛精或化學藥劑噴到眼睛，應該儘快用大量清水沖洗，避免角膜灼傷。此外，還有一些其他的眼部疾病容易引發角膜潰瘍，例如：狗狗的乾眼症和貓貓的皰疹病毒感染等等。眼淚扮演了清潔眼部、排除眼球表面異物、滋潤角膜和提供養分的重要角色，如果眼淚分泌不足，或眼淚的品質不佳，就會使角膜變得不健康而容易破損。貓貓的皰疹病毒感染會潛伏在結膜和角膜，容易造成結膜和角膜反覆發炎，也會使角膜變得脆弱而容易潰瘍。🐾

怎麼知道毛孩的眼角膜有沒有受傷呢？

　　有些角膜潰瘍是可以明顯看到的，例如：潰瘍處可能會凹陷，潰瘍的周圍可能會因為水腫而呈現白霧狀，但也有些更淺層的潰瘍是我們肉眼不見得能夠清楚看到的，此時動物醫生就會用特殊的螢光染劑來幫透明的角膜上色。正常狀況下完整的角膜表面是不會有染劑停留的，如果透明的角膜上有局部區域被染劑染上螢光，就可以確診角膜潰瘍。

　　角膜潰瘍的問題可大可小，如果只是淺層的潰瘍，通常只要點眼藥水預防感染，加上 24 小時配戴伊莉莎白頸圈（羞羞圈）避免毛孩抓揉眼睛，只要沒有進一步的傷害，角膜就可以自行修復、慢慢癒合。然而，如果沒有好好戴頭套，或是沒有按時點藥，造成潰瘍處感染，向下破壞形成更深層的角膜潰瘍，情況就會比較麻煩了。

　　看似薄薄的角膜其實可以細分成五層，如果潰瘍破壞到比較深層的後彈力層，就會造成後彈力層脫出，在眼球表面形成一個凸起的肉球，看起來會跟淺層潰瘍的凹陷很不一樣。深層潰瘍的角膜往往已經無法單靠眼藥水讓它自行修復，毛孩可能會需要接受角膜手術，移除病變的角膜，再用結膜瓣覆蓋，讓受傷的位置有更豐富的血液供應及更好的保護，促進傷口良好癒合。

　　如果深層潰瘍再不處理，就有可能造成角膜穿孔、溶解，併發嚴重的眼內發炎、青光眼等等，可能會造成永久失明，甚至可能會感染化膿，而必須要把整顆眼球摘除，後果實在不堪設想。所以毛爸媽一定要謹記早期發現、早期治療，只要毛孩眼睛一有不舒服，就要趕快帶去給動物醫生檢查，如果一拖再拖延誤病情，不僅要花更多的時間和醫藥費，還有可能來不及挽救他們水亮的大眼睛。🐾

我家小貓從小就瞇瞇眼，還常常流眼淚，這是正常的嗎？

有些年輕的狗狗、貓貓因為基因的關係，天生就有眼瞼內翻（Entropion）的問題。眼瞼內翻指的是因為發育異常或其他眼部疾病，導致眼瞼（也就是眼皮）往眼球的方向內捲，使得眼皮上的毛髮、睫毛直接跟眼球的表面接觸，造成睫毛倒插等等的問題。倒插的毛髮會不停地刺激、刮傷眼球表面，造成角膜潰瘍、發炎、疼痛、搔癢和流淚，眼睛也可能會變得紅腫，讓毛孩非常不舒服，只能瞇瞇眼，看起來很像沒有睡醒一樣。

以狗而言，鬆獅犬、沙皮狗、羅威那、鬥牛犬、拉布拉多和可卡犬是較常發生眼瞼內翻的犬種；而以貓來說，則通常是扁臉的品種，例如：波斯貓。眼瞼內翻雖然不是一個會危及生命的疾病，但卻會長期且大幅地影響毛孩的生活品質，如果發現家中毛孩常常淚流滿面，一定要記得帶他去給動物醫生檢查。

只要找到熟悉眼科的動物醫生，眼瞼內翻是很容易透過手術矯正的，有些眼部發炎造成的暫時性眼瞼內翻，只要控制好發炎和感染，甚至可以不用做手術。只要配合動物醫生好好治療，很快就能看到毛孩恢復炯炯有神的雙眼。🐾

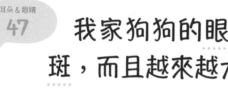

我家狗狗的眼睛好像冒出一些黑斑，而且越來越大，怎麼回事？

狗狗的眼睛出現黑斑，有可能是黑色素異常沉澱，尤其要小心可能是眼球的黑色素瘤造成的。

眼球的黑色素瘤（Melanoma）可以分為葡萄膜黑色素瘤和角膜鞏膜交界處黑色素瘤兩種。葡萄膜黑色素瘤是狗狗的原發性眼內腫瘤當中最常見的一種，最常發生在虹膜和睫狀體。而大部分葡萄膜黑色素瘤都是良性的，很少會轉移，但也有 20% 的機率是惡性的。

另一種發生在角膜鞏膜交界處的黑色素瘤就比較少見，但也是良性的腫瘤。黃金獵犬、拉布拉多、德國狼犬、雪納瑞和可卡犬會比較容易罹患眼球黑色素瘤，尤其是 9 歲以上的中老年犬，拉布拉多犬則有可能在 1、2 歲就發病。

眼睛的黑色素瘤除了可能出現黑斑之外，有時也可能會長成凸起的團塊，有些可能長在眼球表面，有些也可能長在眼球內部向外凸出，造成眼球結構扭曲、眼球內部出血、發炎，或慢慢演變成青光眼。🐾

EARS&EYES
耳朵 & 眼睛
48

眼睛的腫瘤要怎麼治療呢？

如果是黑色素瘤，通常生長緩慢，但即使是良性的腫瘤，如果完全不治療，除了可能造成眼球發炎、青光眼和失明之外，也有可能慢慢長到把眼球撐破。所以如果發現有黑色素瘤形成並且慢慢長大，動物醫生有可能會建議手術切除，或用雷射治療。而如果長得太大，造成發炎、出血、青光眼的話，就有可能會需要把整個眼球都拿掉，才能讓毛孩回到舒服的狀態。

眼球的黑色素瘤通常很少轉移，但若不幸轉移的話，有可能就會需要用黑色素瘤的疫苗來治療。其他種類的眼球腫瘤相對少見很多，若不幸罹患的話，除了可能需要摘除眼球之外，也有可能要配合化療來控制，避免腫瘤復發。🐾

我家狗狗本來黑色的眼珠最近突然變成全白，怎麼會這樣？

眼球的黑眼珠中央有一個稱為「水晶體」的結構，它的功能類似凸透鏡，所有的光線經過瞳孔之後，都要穿過這個透鏡才能夠在視網膜上聚焦成像，眼球可以透過睫狀肌來改變水晶體的厚薄、調整焦距，那我們不管看近物或是遠方都能正確對焦，看到清楚的景象。

水晶體是由很多透明均質、含有晶狀蛋白的細胞，以緊密的方式整齊排列，使得水晶體保持清澈透明，讓光線能夠順利通過。然而，當水晶體的細胞發生病變的時候，細胞中的晶狀蛋白結構便會改變，變成不溶性的纖維沉澱在細胞中。這些蛋白質纖維會造成水晶體變得白濁，阻擋光線通過，影響視力。我們從外觀上會看到眼珠中央變白，形成廣為人知的「白內障（Cataract）」疾病。

造成白內障的原因很多，除了老化可能造成水晶體病變之外，遺傳問題造成的白內障也很常見。很多犬種都可能帶有一些遺傳缺陷，使他們容易罹患遺傳性的白內障，最年輕的可能一出生就罹患白內障，但大部分狗狗都是中年之後才發病。

除此之外，創傷或視網膜疾病也有可能會併發產生白內障。另外還有一種很常見可能造成白內障的疾病，就是「糖尿病」。由於糖尿病會造成持續的高血糖，使得眼球無法藉由正常途徑代謝糖分，而改用另一種替代的途徑代謝。然而，另一種途徑製造出來的代謝產物會累積造成水晶體滲透壓過高，而病變形成白內障。

糖尿病可能會使狗狗在幾天內就突然變成雙眼白內障，而且即便是有在治療糖尿病的狗狗，也無法完全避免併發白內障的問題，所以家中如果有糖尿病的狗狗，一定要特別注意他們眼睛的狀況。不過，糖尿病造成的白內障只局限

在狗狗，貓貓比較幸運一點，很少因為糖尿病而併發白內障的問題。

要完全根治白內障，唯一的方法就是手術。目前比較常見的做法是超音波乳化手術，簡單的說就是將微小的超音波探針伸入病變的水晶體內，利用超音波將白內障的內容物乳化之後再抽出，這樣就能將原本遮住視野的白色物質移除，使眼睛變回清澈透明的狀態。

然而，這樣的手術需要昂貴的手術顯微鏡和超音波乳化儀器，操作的動物醫生也必須要經過扎實的專業眼科訓練才能執行，所以並不是每一家醫院都能做到。如果毛爸媽懷疑家中的毛孩有白內障的問題，一定要尋求專業動物眼科醫生的諮詢，才能有效改善。🐾

我家幾隻老狗年紀大之後眼睛好像都變得白白霧霧的，他們是不是都得了白內障？

EARS&EYES
耳朵 & 眼睛
50

很多人會發現家中老狗的水晶體隨著年紀慢慢變得比較白，擔心是不是得了白內障。其實，很多健康的老狗都有水晶體慢慢變灰白色的情況，但未必是白內障的問題，而是另一種正常的老化現象，稱為水晶體的「核硬化（Nuclear sclerosis）」。

什麼是核硬化呢？我們可以把水晶體想像成一個樹幹的橫切面，水晶體最外層圈是類似樹皮的「囊」，最中心則有一個類似樹心的「核」的構造，隨著狗狗年紀的增長，水晶體會從最外圈的囊袋產生一些纖維，往中心的方向堆積，就好像樹幹的年輪一樣形成一層一層的結構。

年紀越大的水晶體，這些年輪就堆積得越緻密，使得水晶體的外觀不再像年輕時那樣的清澈透明，而是呈現淡淡的灰白色，不懂得分辨的人看上去就會以為狗狗是得了白內障，但其實完全不是。核硬化是完全正常的老化現象，老

化的水晶體仍然能夠正常透光，不會影響視力，也不會有併發症，所以是完全不用需要擔心的。

除了核硬化之外，一些其他眼科疾病，例如：青光眼、葡萄膜炎、角膜潰瘍等等，也可能因為角膜水腫或其他發炎物質造成眼睛外觀看起來白白霧霧的，這些都不是白內障的問題，而且不同的疾病也有不同的治療方式，必須要由專業的動物眼科醫生來判斷問題的源頭，才能給予正確的治療。

核硬化因為是正常的老化現象，並不需要使用任何眼藥水或是手術治療。當然，已經產生核硬化的水晶體也不可能再回到年輕時清澈透明的模樣，因為老化是不能逆轉的，就像皺紋、白頭髮一樣。

毛爸媽最需要注意的是，狗狗的眼睛應該經過專業的動物醫生仔細檢查，確認病因。當然如果經過眼科醫生確認是白內障的狗狗，會需要更進一步的檢查和治療，處理其他潛在的併發症。但我們也很常遇到毛爸媽把狗狗眼睛的照片 PO 上網路詢問，被網友誤認為是白內障而建議點眼藥或手術。毛爸媽自己買眼藥來點，沒有效果、浪費錢就算了，但如果點了不適當的眼藥，反而造成疾病惡化、傷害眼睛就不好了。

最糟糕的是，如果沒有檢查清楚就貿然手術，不止讓狗狗白挨一刀，還可能會破壞水晶體正常的結構，實在是得不償失。所以，如果有疑惑，還是務必要找專業的動物醫生幫毛孩做詳細的眼科檢查，確認問題所在才對症下藥。很多正常老化現象是不需要治療的，看醫生不只能幫你省下荷包，還能讓你少走很多冤枉路。🐾

我家兩隻狗狗都有白內障，醫生說其中一隻要做手術，另外一隻不用，同樣都是白內障為什麼醫生的建議不同呢？

　　同樣是白內障，每個毛孩的嚴重程度並不一樣，有些輕微的初期白內障其實並不一定要立刻治療，但如果是嚴重且已經成熟的白內障，除了可能造成失明之外，還有可能造成其他眼球結構的發炎、破壞，狗狗可能會覺得癢或疼痛，非常不舒服，也有可能大幅影響生活品質，甚至影響狗狗的精神、食慾等等，千萬不能輕忽！

　　白內障的病程可以分成以下四個不同時期。

病程	說明
初期	初期的白內障可能只有很小的白點或白色斑塊出現在狗狗的水晶體裡面，有可能需要經由眼科醫生檢查才能發現。這個時期的白內障對於視力的影響很小，不需要特別治療，只要定期請動物眼科醫生追蹤即可。
未成熟期	白色的雲霧可能覆蓋水晶體的局部或幾乎全部，依照覆蓋範圍的大小，可能造成完全失明或輕微視力變差。這個時期的白內障可能就需要手術治療。
成熟期	整個水晶體都已經變質，完全被白色雲霧覆蓋。這個時期的眼睛已經明顯受損，視力完全喪失，手術可能會有比較高的風險出現併發症，所以並非每個病患都適合做手術，必須由專業的眼科醫生審慎評估狗狗的狀況來決定。
過熟期	白內障的末期，水晶體表面皺縮，水晶體的內容物被重吸收或滲漏出來，可能進一步造成嚴重的眼內發炎。

我家狗狗年紀大之後嘴巴好臭，還常常流口水，怎麼會這樣？

狗狗口臭最常見的原因就是口腔衛生沒有保養好，口腔內的細菌就慢慢在牙齒表面、牙齦縫隙和牙周囊袋內堆積，形成牙菌斑，如果長期沒有清理，這些牙菌斑又會與口水當中的鈣質結合而形成牙結石，發出明顯惡臭。牙菌斑、牙結石上的細菌，會造成牙齒周邊組織的發炎、破壞，導致口腔流血、牙齦發紅腫脹、疼痛、流口水等等，嚴重者也會破壞牙根的穩定性，造成牙齦萎縮、牙齒鬆動，甚至牙根膿瘍，這一連串牙齒周邊的問題我們就統稱為「牙周疾病（Periodontal disease）」。

牙周疾病的狗狗除了口臭、流口水之外，可能也會因為牙齒疼痛而不願咀嚼，不肯吃較硬的食物，例如：不吃乾飼料，只肯吃罐頭等等，或者雖然願意吃乾飼料但幾乎不咀嚼，直接用吞食的方式吃飯，長久下來，可能就會造成消化問題，或者營養攝取不足、體重減輕等等，影響他們的生活品質。其實我們人平常光是一顆牙齒蛀牙就已經可能會痛到寢食難安，想要趕快找牙醫生治療，何況很多毛孩常常已經是滿口的牙結石、齒槽骨都已經嚴重萎縮才被發現，有些牙結石裡面甚至還卡了毛髮，整個口腔像是垃圾堆、臭水溝一樣。

毛爸媽可以想像一下，他們每天忍著牙痛、帶著滿口髒汙吃飯的生活會有多不舒服。甚至有些運氣不好的毛孩，還可能因為嚴重的牙周病造成口腔的細菌跑到血液中，影響全身的器官，導致發燒或其他內臟的疾病，嚴重可能還會威脅生命，所以千萬不能輕忽。

除了牙周疾病可能造成口臭、流口水之外，嚴重的腎臟疾病、腎衰竭，也有可能因為尿毒症（Uremia）產生的毒素造成口腔潰瘍，同樣也會有口臭、流口水的症狀。相較於口腔疾病可能只要檢查口腔就能發現，腎臟疾病則通常需要驗血和驗尿才能診斷，如果動物醫生認為你家狗狗的牙周病並不明顯的話，可能就要做進一步的檢查來排除腎臟疾病。🐾

狗狗的口腔要怎麼清潔呢？

　　毛孩跟人類一樣都需要保持好口腔的衛生，尤其毛孩不懂得自己清潔牙齒，所以更需要毛爸媽幫他們做好牙齒保健。建議毛爸媽最好能夠每天至少幫毛孩刷一次牙，把口腔內的食物殘渣和細菌清掉，就可以大幅減少牙周疾病形成的機會。

　　有些毛孩非常抗拒，甚至害怕刷牙的動作，所以我們應該用循序漸進的方式讓他們慢慢學會享受刷牙的過程。通常如果我們直接拿著牙刷從他們面前伸進他們的口腔，他們都會因為緊張而想要掙扎、躲避，建議毛爸媽可以不要急著一次到位，而是先在他們放鬆的狀態下，嘗試從他們後方伸手去觸碰他們的口腔，並給予獎勵，讓他們慢慢習慣這個動作。開始的前幾天都只碰到口腔就結束，等他們對這個動作沒有戒心之後，再慢慢嘗試掀開他們的嘴皮，並給予獎勵，等經過幾天習慣掀嘴皮的動作之後才慢慢加入觸碰牙齒的動作，最後才是用牙刷去幫他們刷牙，並在結束後給予獎勵，讓他們把刷牙和獎勵正向連結在一起，進而能夠接受整個刷牙的流程。

　　毛爸媽可以提供怎樣的獎勵呢？通常可以在每次刷牙之後給他們一兩口零食，讓他們覺得刷牙是一件值得期待的事情。可能會有毛爸媽想問，刷完牙又吃東西，豈不是又讓牙齒變髒了嗎？其實毛孩很少有蛀牙的問題（要注意牙周疾病和蛀牙是不同的），所以刷完牙吃一點零食是沒有關係的，只要保持每天清潔口腔，都還是能有很好的保健效果。

　　由於毛孩的嘴巴比較小，一般成人用的牙刷對他們來說會太大，建議毛爸媽可以選購寵物專用的牙刷，或用兒童牙刷代替。如果一開始還不習慣，可以先簡單用紗布套在手指上，再用清水沾濕幫他們清潔口腔，很多寵物店也有賣刷牙用的指套，也是不錯的工具。不過這些都是訓練過程的暫時替代品，最終還是要盡量換成寵物專用牙刷或兒童牙刷，比較能清潔到口腔深處。🐾

除了刷牙之外，還有沒有什麼口腔保健的方法呢？

　　除了刷牙之外，有些飼料廠牌也有推出口腔保健的飼料。這類飼料在大小、形狀、材質和軟硬度上有經過特殊設計，讓毛孩在進食的過程中需要經過咀嚼，而在咬下飼料後，飼料的斷面就能與牙齒的表面摩擦，達到清潔牙垢的效果。在飼料的成分當中也會添加一些營養素，幫助維持口腔健康。這類型的飼料屬於處方飼料，需要動物醫生開處方才能使用，毛爸媽可以帶毛孩去給動物醫生檢查牙齒，以判斷需不需要這種飼料作為處方。

　　此外，平常也可以給狗狗一些潔牙零食、潔牙骨等等，讓他們可以在遊戲中達到口腔保健的效果。這些潔牙玩具大部分都設計能讓毛孩慢慢啃咬，在啃咬的過程中摩擦他們牙齒的表面，模擬刷牙的動作，以達到清潔牙垢的效果。不過要注意的是，潔牙骨的成分必須選擇安全可以食用的，使用的材質必須柔韌，而不是隨便丟一根豬大骨給他們啃，因為太堅硬的骨頭可能會造成牙齒斷裂。潔牙骨也有大小的分別，不同體型的狗狗適合的大小都不相同，必須選擇讓狗狗能用臼齒咀嚼，又不會一下就咬斷的大小。如果無法讓狗狗用臼齒啃咬，表示太大了，無法達到良好的清潔效果；而如果咬一下就斷，或者毛孩可以整根潔牙骨吞下去的話，表示太小了。

　　潔牙骨如果不慎被整根吞食，除了難以消化之外，還可能造成腸胃，甚至呼吸道的阻塞，嚴重是會致命的，一定要非常小心！另外在使用潔牙玩具的時候，最好能用手拿著潔牙骨的一端，另一端讓他們啃咬，這樣才能確保他們沒有誤吞的情況發生，也確保他們有足夠的咀嚼和清潔效果。很多人直接把潔牙骨丟給狗狗就不理他們讓他們自己玩，這是非常錯誤的做法，也很容易會發生意外，一定要避免！

VOHC 認證之犬用潔牙產品　　VOHC 認證之貓用潔牙產品

　　在選購潔牙產品時，可以挑選「美國獸醫口腔健康委員會（Veterinary oral health council, VOHC）」認證的產品，這個委員會會審核各項臨床數據，只有真正經過科學實證能控制牙菌斑和牙結石的

產品才能獲得 VOHC 認證。以目前在台灣有販售的潔牙骨來說，健 X 潔牙骨（Greenies）和 V****c 的潔牙骨都是有獲得 VOHC 的牌子，毛爸媽可以放心使用。🐾

我家貓貓明顯口臭、常常流口水，吃乾乾時好像很辛苦的樣子，可是我明明有天天幫他刷牙，怎麼會這樣呢？

除了前面提過的常見牙周疾病問題外，貓貓還有一些特殊的口腔疾病是和狗狗很不一樣的，稱為貓慢性牙齦口腔炎（Feline chronic gingivostomatitis, FCGS），也就是俗稱的口炎，這種口炎和牙周疾病形成的原因不一樣，所以即便努力刷牙也有可能無法完全避免口炎的發生。

貓的慢性牙齦口腔炎是因為身體過度的免疫反應造成的，本來應該要攻擊細菌、病毒的發炎細胞因為免疫系統的錯亂而開始攻擊自身正常的組織，所以即便在沒有病原感染的狀況下，也可能造成貓貓牙齦紅腫、流血、潰爛等等。

目前這個疾病的確切成因還未被釐清，但一些常見的病毒疾病，例如：貓愛滋、貓白血病、貓卡里西病毒感染等等的病患通常發生口炎的比例也比較高，有些牙周疾病的貓貓、或者幼年增生性齒齦炎的貓貓，如果沒有好好控制，將來也可能引發這種免疫性的口炎。

口炎不只會形成明顯的口臭，貓貓也可能因為疼痛而流口水。正常來說，如果我們掀開貓貓的嘴皮，可以看到他們的口腔黏膜呈現淡粉紅色，但在口炎的貓貓，常會看到他們的上下顎交界處有一些局部的發紅腫脹，嚴重的則可能會看到大片的黏膜發紅、潰爛、出血等等。

患有口炎的貓貓牙齒會明顯的疼痛，毛爸媽可能會發現他們看起來明明很餓，可是在食物面前卻猶豫不敢吃，或者不敢吃乾飼料只肯吃罐頭。如果是嚴重口腔深處潰爛的貓貓，連吞嚥都會覺得疼痛，就有可能完全不吃飯了。🐾

貓貓如果有口炎問題，要怎麼治療呢？

　　口炎的問題相較於牙周病會再更棘手一些，但都必須要去看動物醫生，讓醫生做詳細的檢查。通常動物醫生會先仔細確認牙齒的狀況，如果同時有牙周病會需要先把牙周病控制好，避免因為細菌的刺激持續誘發免疫反應。如果有些牙齒已經失去功能，可能會將其拔除，以免失去功能的牙齒藏汙納垢不易清潔。

　　控制好牙周病之後若口腔仍持續發炎，就有可能會懷疑是免疫性口炎的問題。這類免疫性口炎的治療會建議以外科手術優先，把持續引起發炎的牙齒拔除。前面提過口炎是過度的免疫反應攻擊自身組織造成的，而口腔內一些較大的牙齒，例如：臼齒、前臼齒往往就是刺激免疫反應的一個大目標，有超過一半以上的貓貓在把這些大牙拔掉之後口炎就能獲得明顯改善，甚至不需要長期藥物治療，是非常值得考慮的方式之一。

　　手術治療的方式有後口拔牙和全口拔牙兩種，後口拔牙是只把口腔深處比較大的臼齒拔除，全口拔牙則是把所有牙齒全部拔除，來減少免疫反應，改善長期發炎的狀況。雖然有研究指出，後口拔牙和全口拔牙的效果差不多，但有些貓貓做完後口拔牙之後還是無法有效控制口炎，此時就還是得考慮全口拔牙了。

　　全口拔牙對很多毛爸媽來說可能聽起來很驚悚，因為貓貓從此再也沒有任何牙齒，必須改吃軟的或液態的食物，聽起來好像很殘忍的感覺。然而，比起無止盡的疼痛、潰爛、看著食物卻無法入口，其實如果能夠讓他們的口炎穩定下來，生活品質是可以大幅改善的。我也有一些多貓家庭的毛爸媽告訴我，一開始他也非常猶豫是不是該讓貓貓拔光牙齒，但自從他的貓貓全口拔牙之後，每天都吃得很開心，還胖了 1 公斤，後來家裡其他貓發生口炎的時候，他反而毫不猶豫就請我幫他做全口拔牙了，所以千萬不要因為害怕就錯失了他們改善

的機會，好好和您的動物醫生討論，放心選擇最適合他們的治療方式，才能讓他們舒舒服服地吃飯。

如果做完全口拔牙還是不能完全控制住貓貓的口炎，動物醫生就可能會給予一些藥物來抑制免疫反應，常見且效果較好的就是類固醇，可以明顯達到消炎止痛的效果，有時也會搭配一些止痛藥來改善貓貓的生活品質。由於病毒感染可能是引發口炎的因子，有些動物醫生也會給予干擾素來抑制病毒、調節免疫系統。市面上還有一些輔助用的產品，例如：乳鐵蛋白，可以噴灑在口腔幫助改善口腔發炎的情況。🐾

我家狗狗明明是大食怪，整天討食物吃，卻好像怎麼吃都吃不胖，甚至還越來越瘦，怎麼會這樣？

狗狗越來越瘦有非常多可能性，原因包羅萬象，我們可以先從狗狗的食慾狀況來區分，如果狗狗因為生病的關係造成食慾下降，吃得少當然就會越來越瘦。而如果是像本題這樣食慾旺盛、吃很多東西，卻還是日漸消瘦的情況，最有可能是消化或吸收不良的問題。

消化不良或吸收不良這兩個名詞常常被大家混在一起使用，實際上，「消化」指的是將食物中的大分子分解成小分子的過程，而「吸收」則指的是將已經消化的小分子吸收到身體血液裡的過程。造成消化不良和吸收不良的疾病各不相同，但這兩個步驟只要其中一個出了問題，都會造成吃下去的食物無法順利轉化成身體的熱量和養分，所以怎麼吃都還是越來越瘦。

以狗狗來說，最常見造成消化不良的原因就是胰臟外分泌不足（Exocrine pancreatic insufficiency, EPI）。為什麼要用「外分泌」這麼奇怪的名詞呢？其實是因為胰臟是身體很重要的內分泌器官，我們很常聽到的糖尿病就是胰臟的

內分泌功能出了問題所造成的。但是除了內分泌之外，胰臟也有「外分泌」的功能，會分泌含有大量消化酵素的胰液到小腸裡面，幫助食物消化。如果胰臟外分泌的胰液不足，身體就沒有足夠的酵素將食物消化成養分，也就無法得到營養了。

胰臟外分泌不足有可能是先天性或遺傳的，有可能是後天由於胰臟感染、發炎或損傷造成。常見罹患這種疾病的品種包括查理士王子獵犬、德國狼犬、長毛牧羊犬和鬆獅犬等等。這些犬種通常在年輕時就開始出現症狀，除了食慾旺盛和消瘦之外，大便也常常是軟便或拉肚子，有時也會出現很典型的油膩糞便，原因是食物中的油脂無法被好好消化而殘留在大便裡面，也因為大便中還有太多未消化的養分，有些狗狗甚至還會誤認為是食物而吃自己的大便。

除了狗狗之外，貓貓也有可能會有胰臟外分泌不足的問題，特別的是他們有時候會造成身上的毛髮也變得油膩，尤其是在肛門和尾巴附近，在長毛貓更加明顯，身上的毛好像人類的油性髮質一樣，一撮一撮的好像塗了髮蠟似的。如果貓貓也有體重變輕的情況，最後也要找動物醫生檢查。🐾

ORAL & GI TRACT
口腔 & 腸胃
58

消化不良要怎麼診斷和治療呢？

如果發現毛孩體重越來越輕，即使他精神、食慾都很好，也可能需要找動物醫生檢查是否有潛在的消化道問題。而胰臟外分泌不足的診斷需要抽血做特殊的檢查，稱為血清類胰蛋白免疫活性反應（Trypsin-like immunoreactivity TLI）。這種檢查不同於一般的血液檢查，需要將血液樣本送到院外甚至國外的特殊實驗室檢驗，費用也會比一般血檢項目貴。

如果確認是這個疾病造成問題，治療上其實並沒有辦法讓胰臟重新分泌足夠的酵素，一般都是使用口服的方式補充那些缺乏的消化酵素，只要在每次吃

飯時，在食物當中添加胰臟消化酵素即可，而粉末的形式會比藥丸的形式來得更有效。

要注意的是，並非坊間隨便買的酵素都能達到效果，這些酵素粉末必須要有腸溶衣的包覆，才能保護他們不會在到達小腸之前就被胃酸破壞。所以使用醫生處方的原廠藥物是非常重要的，千萬不要貪小便宜而買到完全沒有效果的酵素，反而因小失大。

除了酵素的補充之外，胰臟外分泌不足的狗貓有 80% 也會有維生素 B12 缺乏的問題，因為維生素 B12 的吸收需要仰賴於胰臟分泌的一種內在因子，在胰臟外分泌不足的情況下，這種內在因子也會不足。所以當毛孩被確診胰臟外分泌不足時，動物醫生通常也會建議同時監控血液中維生素 B12 和葉酸的濃度，如果 B12 也不足，就要用注射的方式補充。一開始可能會每週打一針，連續施打 6 週等到穩定後，才會改為 1 個月一次補充。

如果這兩種治療都沒有效果，有可能是同時還有其他小腸的疾病，胰臟外分泌不足的狗狗由於太多養分沒有消化，往往會造成腸內菌叢的混亂，有時可能就會需要抗生素的幫忙。這部分就需要交由動物醫生詳細評估，檢查有沒有其他併發的疾病，千萬不要自己買藥亂醫。🐾

ORAL & GI TRACT

口腔 & 腸胃

59

我家黃金獵犬不到 1 歲，本來都活蹦亂跳，這幾天卻突然狂吐，一天吐十幾次，無精打采也不肯吃飯，怎麼會這樣？

1 歲前的幼犬、幼貓就跟人的小朋友一樣，每天都有用不完的活力，他們通常貪吃、貪玩又貪睡，所以如果發現他們好幾天都無精打采，不肯吃飯，那通常就是有大問題了！

動物醫生聽到年輕狗狗突然不肯吃飯、不停狂吐，第一個會懷疑的問題一定是消化道異物。所謂的消化道異物，這就是毛孩吃了一些不是食物、不該出現在腸胃道的東西。這些東西如果卡在腸胃道裡面造成阻塞，食物無法往下消化，毛孩就會一直狂吐。

很多毛孩小朋友只要看到地上有東西，就會把他咬來當玩具玩，咬著咬著也分不清楚它是能吃還是不能吃的東西，一口就把它吞到肚子裡了。尤其是一些出了名貪吃的品種，例如：黃金獵犬、拉不拉多、柯基、法國鬥牛犬，幾乎可以說是消化道異物的頭號嫌犯。

常見被吞下去的異物包括塑膠袋、毛巾、玩具、襪子等等，還有一些甚至是人類給他們的食物，例如：骨頭、玉米梗、果核，以及插了食物的竹籤等等，都是很常見的兇器。

除了狗狗之外，年輕貓貓其實也很容易有消化道異物的問題，因為年輕小貓也非常好奇，看到什麼都想逗弄一下，尤其他們喜歡玩毛巾、毛線這種柔軟質地的東西，咬一咬就會不小心把毛線吞到肚子裡，所以在貓貓最常見的就是線性異物，這類線狀的物體不是像玉米梗那樣把腸胃塞死，而是會在消化的過程中，卡在腸胃的不同段落，造成腸子跟腸子，或腸子和胃之間彼此打結，使得腸胃無法正常蠕動而形成阻塞，一樣會造成貓貓嚴重嘔吐。🐾

狗狗不小心吞了玩具，一定要看醫生嗎？不能等他自己大出來嗎？

如果看見毛孩吃到不該吃的東西，第一時間一定要儘快帶去醫院，動物醫生可以使用一些藥物幫助催吐，把異物吐出來。這個時間千萬不要拖延，因為異物能夠被吐出來的時間，通常只有在毛孩吃下去後的 2 ～ 4 小時內，如果超過 4 小時，異物就有可能已經離開胃部到達小腸，這個時候即便催吐也不見得

能夠把異物吐出來了。

如果發現他們吃到異物的時間已經超過 4 個小時，還是應該帶去醫院讓動物醫生檢查。有些異物的體積很小，如果毛孩是大型犬，也是有機會順利的通過小腸而從大便排出，所以若毛孩完全沒有嘔吐的現象，精神、食慾正常，有可能就是沒有造成阻塞，動物醫生評估後，可能會認為還有機會先暫時觀察。

一般來說，如果經過好幾天甚至 1 個禮拜毛孩都沒有症狀的話，可能就是有驚無險，已經順利排出。不過，我也有遇過幾個腸胃阻塞的毛孩，手術後發現異物的元兇是 1 個月前吃下去的，在胃裡打轉了很久才造成阻塞，所以還是要密切觀察，一有症狀就趕快看醫生。

一旦毛孩有明顯頻繁嘔吐的症狀，通常就是異物已經造成阻塞，靠他自己身體的反應已經無法把異物吐出，需要藉由手術把它取出。動物醫生會拍 X 光、超音波或消化道造影等等的檢查，來確認是否真的是異物阻塞的問題，並建議進行手術。

如果已經確診，就最好不要拖延，應該儘快開刀。因為剛剛造成阻塞的異物是最容易取出的，如果異物卡在腸胃道內太久，就會造成局部的腸胃發炎、腫脹，甚至壞死、穿孔，造成腸胃道內大量的細菌跑到腹腔，形成細菌性腹膜炎，嚴重的話是很有可能會敗血死亡的。就算運氣好保住了小命，壞死或穿孔的那段腸胃道也已經無法復原，必須把它切除，不管是手術難度和併發症都會變得複雜許多。

只要及早發現、正確診斷、迅速處理，腸胃道異物通常都不是太大的手術，而且通常術後他們很快就能恢復正常的食慾和活力。有些設備比較好的動物醫院，也可能可以提供內視鏡夾除異物的做法，對於食道和胃部異物的病患，可以在完全沒有傷口的狀況下就把異物取出，也是非常理想的做法。

當然，預防勝於治療，如果家中有調皮亂吃的毛孩，記得每天都務必要把地上的東西收好，不要讓他們有機會接觸到可能會被吞下去的東西。記得也要提醒家人，不要亂丟人類的食物給他們吃，尤其以前常常會認為要給狗狗啃骨頭，這是完全錯誤的觀念，因為豬骨和雞骨都是很常造成腸胃阻塞甚至穿孔的元兇，千萬不要再重蹈覆轍。🐾

我家狼犬吃完晚餐之後開心地跟我出去跑步，回到家卻倒在地上喘氣站不起來，肚子脹得圓滾滾的，怎麼會這樣？

　　遇到肚子異常脹大的狗狗，動物醫生會做的第一件事就是叩診和觸診。叩診是用手掌或手指關節輕輕敲打肚皮，藉由敲擊的回音來判斷脹大的肚子裡面到底裝了什麼東西。

　　大型犬突然地肚子脹大、癱軟無力，最常見的疾病就是胃擴張扭轉（Gastric dilatation vovulus, GDV）。胃擴張扭轉通常發生在大型犬，尤其是飯後劇烈運動之後，胃部可能沿著長軸像擰毛巾一樣螺旋狀地扭轉，造成胃部的食物和氣體都無法往下排出，累積在胃裡面造成胃部急速脹大，而極度脹大的胃會壓迫身體的重要大血管，嚴重阻礙血液循環。罹患這種疾病的狗狗通常肚子在幾小時內就會脹得很大，且由於血液循環受到阻礙導致心輸出不足，他們常是全身虛弱，癱在地上不斷地喘、沒有力氣。

　　胃擴張扭轉是非常嚴重的疾病，狗狗有可能在幾小時內就死亡，必須要立刻掛急診緊急治療。動物醫生會視情況先將胃內蓄積的氣體排出，或者直接手術將扭轉的胃減壓復位。如果沒有立刻看醫生，扭轉太久的胃壁可能會缺血壞死，甚至是胃旁邊的脾臟也有可能跟著一起扭轉壞死。

　　此外，由於血液循環受到阻礙，腹部的很多器官都得不到充足的血液供應，可能會出現低血壓、休克，甚至多重器官衰竭的狀況。拖得越久的病例，在手術復位時，壞死組織的毒素就有可能經由血液散布到全身，即使將胃部轉回正常的方位，也有可能因為這些毒素而造成狗狗死亡，非常可怕！所以毛爸媽一旦發現不對勁，就算是半夜也一定要立刻帶狗狗看醫生，千萬不能等！🐾

常聽人家說有些東西毛孩吃了會中毒，哪些人類的食物是不能給毛孩吃的呢？

在我們的日常生活中，有很多東西是人類可以吃，卻不適合給毛孩吃的，而如果毛爸媽沒有好好了解這些東西對毛孩的危害，除了可能因為沒有收好而被毛孩誤食之外，更糟的是我們可能會出於好意地給毛孩吃，卻反而害毛孩中毒，弄巧成拙。常見不應該給毛孩吃的食物包含以下幾種。

SECTION 01 巧克力

巧克力是毛孩很常亂吃的東西，因為巧克力很香，大家又很常將巧克力擺在客廳或餐桌上，一些貪吃的大狗狗，例如：拉不拉多、黃金獵犬等等，常常就會按捺不住，把整包巧克力給吃掉。巧克力對人類來說吃多了可能只是肥胖而已，但其中含有的一些甲基黃嘌呤成分，會產生類似咖啡因的興奮效果，毛孩對這類成分能夠承受的劑量很低，如果過量就會造成狗狗上吐下瀉、口渴、喘氣、心跳加速、坐立難安；嚴重一點的病例，甚至可能會出現肌肉顫抖、羊癲瘋、心臟衰竭等等症狀，最終造成死亡。

不過，可能也有不少人聽過其他狗狗吃了巧克力卻完全沒事的狀況，這是因為造成巧克力中毒的關鍵成分是其中所含的「可可鹼」，我們一般市面上常見的巧克力，很多都是濃度比較低的牛奶巧克力，其中的可可鹼含量其實不高，除非是深烘培的黑巧克力，才會含有比較高濃度的可可鹼。

一般來說，一隻大約 23 公斤的大型犬，如果是吃深烘焙的黑巧克力，大概只要吃 28 克就會出現中毒症狀，但若是市面上的牛奶巧克力，大概要吃到超過 255 克才會有問題。而更便宜的巧克力可能濃度更低，如果只吃少量可能還不至於造成危害，可以算是不幸中的大幸。不過家裡如果有養狗狗，最好還是把這些巧克力收好，不要讓毛孩有機可乘。

SECTION 02　葡萄、葡萄乾

葡萄和葡萄乾是人類很常吃的水果和零食，但對狗狗來說卻有嚴重的毒性，很有可能會造成狗狗急性腎衰竭。到底葡萄裡含有什麼成分會造成狗狗中毒呢？目前其實還沒找到明確答案，所以也不知道確切的中毒劑量是多少，只知道有些狗狗可能可以承受少量的葡萄。

有些狗狗卻特別敏感，只要吃一點點就會立刻中毒，所以一定要盡量避免他們接觸的機會。毛爸媽除了要記得把葡萄收好之外，一些可能添加葡萄乾的零食也要特別小心，例如：早餐吃的玉米穀片，或是一些小餅乾、西點等等，都要小心不要讓狗狗吃到。

SECTION 03　青蔥、洋蔥、蒜頭、韭菜

蔥、蒜、洋蔥、韭菜都是人類食物中很常添加的調味料，可以讓我們的食物更加美味，但對毛孩來說卻是致命的殺手，而且不管生食或煮熟，都有可能造成毛孩中毒；他們裡面含有的成分，會破壞狗貓的紅血球，造成溶血性貧血，中毒的狗貓可能會出現精神萎靡、虛弱、黏膜蒼白、流口水等等症狀，嚴重的甚至可能造成死亡。

以一隻體重大約 20 公斤的狗狗來說，大概只要吃到 100 克，也就是大概一顆中等大小的洋蔥，就能造成中毒。貓貓則比狗狗更敏感，一隻體重 2～3 公斤的貓貓，只要吃到 1 克的洋蔥就會中毒，非常危險。

SECTION 04　代糖食品

現代人為了避免肥胖，很多甜食都會用代糖來取代天然的砂糖，減少熱量攝取。這些代糖食品很常使用的是木糖醇（Xylitol），對人類雖然無害，但如果狗狗吃到了，可能會刺激胰島素大量分泌，在 10 分鐘到 1 小時內就會造成嚴重低血糖，可能引發抽搐甚至死亡。

每公斤體重的狗狗大約只要吃到 100 毫克，就會造成中毒。日常生活中最常見含有木糖醇的食物就是口香糖，而以一般常見品牌的口香糖而言，狗狗大約只要吃到兩片就可能造成嚴重的低血糖，吃到十片就有可能造成肝臟衰竭。

SECTION 05 骨頭

骨頭雖然不會造成毛孩中毒，卻很容易造成腸胃道異物的問題。很多人都以為狗狗就是應該要啃骨頭，這是完全錯誤的觀念，會有這樣的刻板印象，其實是因為以前大家生活比較窮困，食物不足，當然沒有錢給狗貓吃好吃的食物，所以就把吃剩的骨頭丟給狗狗吃。

其實狗狗並不是想吃骨頭，而是想吃骨頭上面殘留的肉屑。啃咬太硬的骨頭可能會造成狗狗牙齒斷裂，如果不慎將整根骨頭吞下去，還可能造成腸胃阻塞。而鳥類的骨頭，例如：雞骨的斷端常常非常尖銳，如果吞下去可能會劃傷腸胃道，甚至造成穿孔，後果不堪設想。

SECTION 06 酒精

跟人類一樣，毛孩如果攝入太多酒精也會有酒精中毒的問題。有些人因為一時好玩就拿烈酒給毛孩喝，其實是很危險的，不過更常見的情況是沒有把酒瓶蓋好或是不小心打翻酒，而被好奇的毛孩一邊玩一邊喝掉，意外造成酒精中毒。除了平常飲用的烈酒之外，消毒用的酒精也要小心不要被毛孩喝到，另外一些以酒調味的食物，例如：燒酒雞、酒釀湯圓、甚至是發酵的麵團都要小心，如果毛孩體型很小也是有可能不小心過量的。

不慎攝入的酒精大約在 30 分鐘內就會被毛孩的腸胃吸收，所以酒精中毒的症狀大概在半小時到 1 小時內就會出現，輕微的症狀可能只是嘔吐、拉肚子、頭暈、站不穩等等類似人類喝醉酒的症狀，但如果喝進去的量太多，就有可能引發癲癇、心律不整、失去意識等等，甚至造成呼吸困難、低血糖、低體溫或酸血症，一不小心就有可能奪走毛孩的性命！🐾

除了食物之外，有沒有其他東西是要注意有可能造成中毒的呢？

除了前面所說的一些食物之外，其實日常生活中還有很多東西都可能有潛伏的危險，一不小心誤食就有可能造成毛孩中毒，以下這些東西毛爸媽一定要多多留意。

SECTION 01　人用的藥物

毛孩由於身體代謝的機制跟人類不同，缺少某些人類有的酵素，所以有些人類使用的藥物對毛孩來說反而是可能會造成中毒的，其中最有名的就是普 X 疼。有些人看到毛孩不舒服，以為他們是感冒，就自作主張拿家裡的普 X 疼感冒藥給他們吃，但這個藥物在狗貓來說是很容易中毒的。

毛孩在服用普 X 疼 1 ～ 4 小時後，就有可能出現噁心、流口水、腹痛、喘氣、精神不振的狀況。普 X 疼會影響紅血球攜帶氧氣的能力、毛孩的黏膜，例如：牙齦可能會變成紫黑色，尿尿也可能變成深咖啡色，甚至還有可能會造成毛孩死亡。其他一些人用的消炎藥或止痛藥，也可能造成毛孩腎臟衰竭或腸胃潰瘍，所以千萬不要自己胡亂用藥。

SECTION 02　百合花

百合花雖然不是食物，卻是有可能會出現在客廳或辦公室的擺飾，如果是貓奴家中有百合花的飾品，貓貓可能會因為好奇而去玩弄、舔咬百合花，一不小心就會造成中毒。對貓貓來說，純種的百合花整株都有毒，包括花瓣、花粉、葉子、枝幹等等，甚至連花瓶裡的水都有可能造成中毒。只要吃到或舔到百合花，大約 12 小時內就會造成腎臟的傷害，如果沒有積極治療，1 ～ 3 天內就可能因為腎衰竭造成死亡，千萬不能輕忽。

SECTION 03　老鼠藥、蟑螂藥

很多老鼠藥、蟑螂藥，為了吸引他們來吃，都會混入食物的香味，有時不小心就會被家裡的毛孩誤食而造成中毒。老鼠藥毒殺老鼠的機制，常見的是使用抗凝血劑，食用後會造成毛孩凝血功能異常，稍微一點小小的傷口就會出血不止，嚴重的甚至可能內出血或七孔流血而亡。

另外，還有一種老鼠藥使用的不是抗凝血劑，而是造成神經毒性的藥物，會造成腦部和脊髓的水腫，進而造成全身性的神經症狀，在食入後的 4～36 小時，可能會出現肌肉顫抖、羊癲瘋、發燒、後肢反射異常、癱瘓、中樞神經失調，甚至造成死亡。如果發現毛孩誤食老鼠藥，應該帶著藥物的包裝，儘快帶去醫院催吐，並注射解毒劑。

SECTION 04　除蟲菊

除蟲菊是一種天然萃取的物質，很常被添加在殺蟲劑當中。除蟲菊使用在大多數的哺乳類動物都是安全的，對狗狗來說，除蟲菊算是相對安全的成分，所以很多狗狗的除蚤產品，例如：除蚤用的洗毛精等等，都有可能添加除蟲菊作為天然的配方。

然而，貓貓對於除蟲菊特別敏感，如果劑量沒有拿捏好，很容易就會造成中毒，所以很常發生毛爸媽拿狗的洗毛精來幫貓貓洗澡，或是拿狗用的除蚤滴劑滴在貓貓身上，不慎被貓舔到就造成中毒。除蟲菊中毒的貓貓，可能會出現流口水、顫抖、坐立難安、羊癲瘋、呼吸困難的症狀，如果沒有治療也可能會造成死亡。雖然低劑量的除蟲菊在有些貓貓來說還可以承受，但在幼貓還是很容易造成中毒，貓奴們還是要盡量避免這類的產品。

各種清潔劑包括漂白水、洗衣精，甚至是一些強酸、強鹼的消毒劑或馬桶疏通劑，都有可能造成毛孩上吐下瀉、流口水、皮膚和口腔化學灼傷、發抖，甚至羊癲瘋等等。這些化學藥劑平常就應該收好，不要讓毛孩有機會接觸。

如果不慎吞食腐蝕性的藥劑，動物醫生可能不會用催吐的方式處理，以免造成二次傷害。可能的做法會是用大量生理食鹽水稀釋，用洗胃的方式將這些藥劑清除，有些毒素也有可能被活性碳吸收排出。而不同的藥劑可能有不同的處理方式，需要由動物醫生詳細檢查，來選擇對他們最好的治療。🐾

What Can I Do?
我可以怎麼做？

不管是吃到哪一種東西造成的中毒，一定要第一時間儘快帶去醫院給動物醫生檢查和處理。如果是吃到有包裝的商品，最好能帶著當初的原包裝到醫院，給醫生作參考，確定其中的成分和含量。

如果在剛吃到的 4 個小時內，動物醫生可能會嘗試幫他們催吐，更積極一點的可能會考慮洗胃，減少毒素被吸收的機會。如果發現毒素已經被吸收且出現症狀，動物醫生可能就會對症治療，用一些解毒劑或拮抗劑來緩解毛孩的症狀。只要早期發現、早期治療，很多時候都還是有機會挽回的。

毛爸媽應該隨時把可能造成中毒的食物收好，並且盡量避免給毛孩吃人吃的食物。如同前面所提到的，人吃的食物有很多東西對毛孩來說都是有毒的，就算沒有毒，人類食物的調味對毛孩來說也太鹹、太油膩，很容易引發腸胃不適，甚至胰臟炎、異物阻塞等等，有百害而無一利。另外，很多人類常用的藥物在狗貓也會造成中毒，千萬不要為了省錢省事就餵他們吃人吃的剩菜剩飯，甚至人吃的成藥，到頭來可能反而要花更多的醫藥費。

我家貓貓最近常常跑廁所，醫生說我家貓貓有膀胱結石，結石是怎麼形成的呢？

　　膀胱結石在狗貓都是很常見的問題，主要是尿液中的鈣、鎂等離子在膀胱內沉澱、凝集，形成大小不一的石頭。這些石頭在膀胱內會不斷刺激膀胱黏膜，造成膀胱的發炎、增厚、充血、滲血，有些石頭的表面可能粗糙，更會刮傷黏膜造成膀胱出血，我們就會看到毛孩血尿、貓砂塊變粉紅色的狀況。

　　膀胱結石不單只是物理性的刺激膀胱黏膜，它的表面也會藏汙納垢，變成細菌的溫床。所以很多膀胱結石的毛孩同時也有尿路感染的問題，尤其是母狗、母貓因為尿道比較短，更容易有髒汙經由尿道跑進膀胱裡，這些細菌在膀胱裡面繁殖，一樣會造成膀胱發炎、增厚、出血。發炎的膀胱在排尿時就會覺得疼痛，而且只要稍微有一點點尿液在膀胱內就會不舒服想要趕快把它排掉，這就是為什麼毛孩會頻繁跑廁所，每次又都只尿一點點的原因了。

　　如果發現狗貓有頻尿、血尿的狀況，可以嘗試在家收集尿液，或者拍照帶去給動物醫生檢查。醫生通常會建議拍攝腹部 X 光，超音波及尿液培養，來確認尿中有沒有結石或細菌感染。如果有細菌感染可能會需要服用抗生素治療，如果有結石則可能需要做手術，或改吃處方飼料調整尿液的酸鹼值，有機會可以溶解或預防結石的發生。

　　居家照顧的部分，讓毛孩多喝水是非常重要的，因為如果水分不足，尿液就會變得很濃，就比較容易沉澱形成結石。貓貓可以用飲水機、噴泉，或改餵濕食來鼓勵他們攝取多點水分。平時也應盡量避免讓毛孩憋尿，貓砂要勤做清理，多貓家庭的貓砂盆至少要比貓的總數再多一個，以免他們搶廁所或不敢去上廁所。如果家中狗狗習慣外出上廁所，那麼一天至少要帶他們出去三～四次以上，以免憋尿太久。🐾

我家貓主子今天好像常常跑廁所，清貓砂的時候發現尿塊都很小，而且一整天都沒什麼食慾，怎麼會這樣？

　　膀胱如果形成一些小石頭或細沙，在排尿的過程往尿道前進，就有可能卡在尿道裡面造成阻塞，尤其是公狗和公貓的尿道比較長，陰莖部的尿道又比較窄一些，如果沙石卡在陰莖就有可能完全塞住造成排尿困難。我們就會看到毛孩很努力地蹲廁所想要尿尿，很用力卻尿不出來，每次只能擠出幾滴尿。如果是尿道阻塞的問題就必須立刻看急診，因為如果尿液完全無法排出，這些尿就會累積在膀胱內一路阻塞造成水腎。而若尿中的毒素持續無法排出，就會造成尿毒症以及高血鉀，在短時間內就能致命，千萬不能輕忽！

　　除了沙石之外，更麻煩的是貓貓有所謂的貓下泌尿道疾病（Feline lower urinary tract disease, FLUTD），包含好幾種影響貓貓下泌尿道（也就是膀胱和尿道）的疾病，其中最常見的就是貓貓不明原因的膀胱炎（Feline idiopathic cystitis, FIC），大約占了貓下泌尿道疾病的 2/3 左右。

　　前面有提到，結石和感染有可能導致膀胱發炎，但貓貓有時可能沒有結石又沒有感染，卻莫名其妙的膀胱發炎。膀胱炎除了會導致頻尿、血尿外，嚴重的發炎反應還可能產生血塊、結晶、黏膜塊，而公貓的陰莖尿道非常狹小，這些小血塊、黏膜塊很有可能會阻塞尿道，使他們無法排尿，造成急性尿毒症。更麻煩的是，有些公貓即使尿道內沒有造成阻塞的物質，也可能因為尿道肌肉痙攣而尿不出來，這些狀況都必須立即就診，有可能需要緊急插導尿管導尿。

　　除了參考前面結石問題的建議做法外，在貓下泌尿道疾病（FLUTD）和貓不明原因膀胱炎（FIC）的部分，已經有研究發現壓力是導致疾病的重要原因，所以要盡量避免可能造成貓貓壓力的事件，例如：搬家、環境改變、新成員加入、陌生人拜訪或其他可能造成貓貓緊張、恐懼的事情。平時也要多陪貓貓玩耍，準備各種不同的玩具、跳台、讓他們每天保持新鮮感，有適度的運動才能夠避免肥胖、抒解壓力。🐾

我家狗狗的尿尿最近變得好臭，好像還有點混濁，怎麼會這樣？

尿液腥臭、混濁常常是泌尿道感染的現象。母狗因為尿道較短，平時坐在地上容易接觸到髒汙，外界的細菌很容易就沿著尿道上行跑進膀胱，造成膀胱和尿道的感染，形成細菌性膀胱炎和尿道炎。這些細菌除了造成發炎之外，身體的白血球在對抗他們的過程中也有可能形成膿樣分泌物，我們看到混濁的尿液就包含這些發炎的細胞和分泌物，如果再經由顯微鏡確認含有大量白血球的話，我們就稱之為膿尿（Pyuria）。

膿尿除了泌尿道的問題之外，由於母狗排尿會經過外生殖器，所以有時如果生殖道感染，例如：陰道炎或者是子宮蓄膿等等，它們的分泌物也有可能跟著尿液排出，讓毛爸媽以為是泌尿道的問題。

除了母狗比較容易感染之外，公狗如果有膿尿除了要考慮膀胱炎，還有可能是前列腺（俗稱攝護腺）的問題。一般公狗在絕育之後，前列腺由於缺乏雄性素的刺激，會退化縮小，變成比較沒有功能的結構。但在未絕育的公狗，前列腺就會持續工作，分泌一些精液的成分。

前列腺在年輕時通常比較不會有什麼問題，但老年之後狗狗跟人類一樣也會有前列腺肥大的問題。這種肥大雖然通常是良性的，但就比較容易出現一些發炎甚至感染的現象。嚴重的前列腺感染甚至可能會演變成膿瘍（Abscess），也就是整個前列腺像流沙包一樣蓄積了大量的膿液，造成細菌在裡面滋生、難以清除。這些膿液也會在尿尿的時候跟著尿一起流出，變成我們看到混濁、腥臭的膿尿。

除了感染發炎之外，就像人類的老人一樣，前列腺肥大也有可能壓迫尿道，造成老狗的排尿困難，尿尿時可能要蹲很久，每次只能尿小小一灘，甚至可能造成血尿、疼痛或者後腳的跛行，對他來說是非常不舒服的。🐾

要怎麼預防狗狗泌尿道感染發炎呢？

　　憋尿會造成尿液存留在膀胱內太久，容易滋生細菌，所以要盡量避免讓狗狗憋尿。如果狗狗習慣外出上廁所的話，毛爸媽要多帶他們出去散步，一天最好能超過三～四次。大小便之後可以注意清潔，避免糞便或髒汙沾染在外生殖器上，讓細菌有機可乘。母狗會建議儘早絕育，避免反覆的發情增加感染和發炎的風險。公狗由於老年容易有前列腺的問題，如果沒有要繁衍後代的話，其實也可以考慮絕育，可以大幅減少前列腺發炎的機會。

　　毛爸媽平常可以多觀察毛孩尿液的顏色、多寡，以及他們尿尿的次數、動作、時間等等，如果發現頻尿、膿尿、排尿困難的症狀就要儘早去醫院看醫生。想確診泌尿道感染必須要將尿液送去實驗室做細菌培養，正常的尿液是無菌的，如果送檢的尿液裡面有細菌，就可證明尿中有感染的情況，同時還可以一併測試哪一種抗生素對這個細菌最有效。

　　由於送檢的樣本不能有任何環境中細菌的汙染，所以收集狗狗尿在地上的尿液是不能做細菌培養的，必須要動物醫生用針直接穿刺膀胱採樣，才能確保樣本乾淨不受汙染。一旦培養結果確認有細菌感染，就必須要遵照醫生的指示，選擇有效的抗生素治療，而且一定要確實吃藥完成整個療程，不可以擅自停藥，否則反而容易產生抗藥性。且通常療程結束後，動物醫生可能會建議再做一次細菌培養，確認膀胱內沒有細菌，才算結束整個療程，否則如果沒有清除乾淨，停藥之後可能又會復發。🐾

醫生說我家狗狗有尿路感染，我有乖乖遵照醫生的指示治療，但病情好像一直反反覆覆，好幾個月都沒好，怎麼會這樣？

　　如果狗狗的尿路感染很難根治，或是每次治好之後過一段時間又復發，其實有可能要考慮是不是有其他問題造成他們的膀胱、尿道很容易受到細菌感染。如果狗狗有膀胱結石，這些結石的表面容易藏汙納垢，細菌可能會躲在縫隙裡面而不容易被完全清乾淨。

　　另外，還有一些內分泌疾病也會比較容易造成泌尿道的感染，其中最常見的就是糖尿病（Diabetes mellitus），因為尿中有糖，這些糖分可以很容易地被細菌利用，成為他們大量繁殖的養分，所以糖尿病的病患我們都會定期的檢查他們的尿中是否有感染的現象。

　　另一個常見造成泌尿道感染的內分泌疾病，就是腎上腺亢進症（Hyperadrenocorticism），又稱為庫欣氏症（Cushing's syndrome），這種疾病會使腎上腺皮質素（Glucocorticoids，也就是俗稱的類固醇）分泌過多，導致免疫力下降，所以有這種疾病的狗狗會比較容易被病原感染。同時，庫欣氏症也會影響血糖的調控，進一步引發糖尿病，也就很容易有細菌性膀胱炎的問題。

　　反覆的尿路感染首先一定要做完整的尿液培養，確認所使用的抗生素真的對目前感染的細菌有效，避免因為抗藥性造成治療失敗。如果有膀胱結石的狀況，可以試著用內科的方式溶解結石，或者以手術的方式取出，避免結石留在膀胱內造成黏膜刺激和細菌滋生。

　　如果除了泌尿問題之外，還有其他症狀讓醫生懷疑可能是內分泌疾病的話，動物醫生可能也會建議做進一步的血液檢查和內分泌檢查，這部分的詳情可以參考本書 P.173 的內分泌章節。🐾

我家狗狗尿尿會起泡沫，這是正常的嗎？

尿尿如果產生明顯泡沫，好像啤酒那樣（抱歉這個描述太有畫面），有可能是尿中的蛋白質過多，也就是蛋白尿（Proteinuria）的問題。

腎臟中負責過濾血液的濾網結構稱為「絲球體」，正常情況下，絲球體過濾的孔洞很小，大部分身體中重要的蛋白質是無法被濾出的，只有小分子的毒素和廢物才會通過濾網被排出。這些過濾後的尿液會往下進入「腎小管」，就算有少量漏網之魚的蛋白質不小心被過濾出來，也能在腎小管被重新吸收回體內，所以正常的尿液當中應該是不會含有蛋白質成分的。然而，如果絲球體或腎小管發生了疾病，就可能導致蛋白質大量的漏出，或者無法正常地被重吸收，蓄積在尿液當中形成蛋白尿，這類造成蛋白尿的腎臟疾病我們稱為蛋白質流失性腎病（Protein-losing nephropathy, PLN）。

蛋白質流失性腎病包含了很多種疾病，其中絲球體腎炎（Glomerulonephritis）會導致濾網的孔洞變得很大，造成蛋白質大量流失，形成嚴重的蛋白尿。造成絲球體腎炎的原因，可能是傳染病，包含心絲蟲、艾利希體症或其他壁蝨傳染的疾病，也有可能是細菌或病毒的感染造成。

另外還有一些內分泌的疾病，例如：糖尿病、自體免疫的疾病，例如：紅斑性狼瘡，或者惡性腫瘤都有可能造成。老年動物尤其是慢性腎病的病患常常併發高血壓的問題，持續的高血壓也會衝擊腎臟造成絲球體的損傷，使得蛋白質容易滲漏，也是蛋白尿很常見的原因之一。所以我們在蛋白尿的病患都會定期追蹤血壓，確保沒有高血壓的問題。

還有一些不是腎臟問題的疾病也可能造成蛋白尿，包括血中蛋白質突然過多，例如：紅血球異常溶解造成血紅素蛋白大量散入血液當中，或是因為肌肉嚴重受傷造成大量肌紅素蛋白跑到血液當中。

突然大量的蛋白質衝進腎臟的過濾系統，超過了腎臟的負荷，無法有效將多餘的蛋白質重吸收回來，就會留在尿液中，形成血紅素尿（Hemoglobinuria）或肌紅素尿（Myoglobinuria），這種情況也是屬於蛋白尿的一種。除此之外，多發性骨髓瘤也會產生大量異常的蛋白質進入血液，也一樣會造成蛋白尿的問題。

罹患蛋白質流失性腎病的狗狗，一開始可能沒有明顯症狀，但由於蛋白質持續地流失，可能就會造成體重下降、消瘦、精神變差的狀況。當血液中的蛋白質流失太多，就可能造成血中的白蛋白不足，而白蛋白是維持血液滲透壓的重要因子，一旦出現低白蛋白血症（Hypoalbuminemia），就可能造成水分無法保留在血液中而滲漏到血管外，造成全身水腫、胸水、腹水等等。

另外，蛋白質的流失也可能造成凝血系統的不平衡，使得凝血功能異常的旺盛，容易形成血塊堵塞血管。如果這些血塊堵塞供應身體器官的血管，就可能造成梗塞（Infarction）；而如果造成腦部的梗塞，就是我們俗稱的中風，會造成很多神經系統的症狀。🐾

我家貓主子最近尿尿好多，每次清貓砂好大一塊，而且還狂喝水，這是怎麼回事？

毛孩尿尿變多而且狂喝水的現像，在醫學上我們特別稱之為「多尿多渴（Polyuria/Polydipsia, PU/PD）」。貓奴會發現貓貓多尿多渴的現象，通常是在清貓砂的時候發現尿塊特別大，尤其如果是多貓家庭，可能會發現其中一隻貓的尿塊比起其他貓大很多，仔細觀察可能也會發現他去尿尿的次數比其他的貓多。而且貓貓通常不愛喝水，需要濕食或噴水池鼓勵他們喝水，但有多尿多渴現象的貓，可能會發現他們不停地狂喝水，甚至來不及幫他們補充水碗。

除了貓貓之外，狗狗也有可能出現類似的情況，不過狗狗的喝水量本來就比貓多，比較不容易注意到他們喝水變多，但通常會被毛爸媽發現的是他們每次尿尿變得很大灘，而且看起來很稀，甚至像清水一樣。如果需要外出尿尿的狗狗，毛爸媽可能也會發現他們需要遛狗的次數變多，甚至晚上沒有辦法睡過夜直接尿在家裡的狀況。以上這些現象都是多尿多渴的典型症狀。

那麼，怎樣的量才算是太多呢？正常狗貓製造尿液的速度大約每公斤體重每小時會製造 1 ～ 2 ml，也就是每公斤體重一天大約會製造 20 ～ 40 ml。如果以 10 公斤狗狗為例，正常一天的尿量就大約是 200 ～ 400 ml。如果一天尿量超過每公斤 50 ml，例如：10 公斤狗狗一天尿量超過 500 ml 的話，就會認為是太多，有多尿的症狀。而如果在一天內每公斤體重喝水超過 100 ml，也就是 10 公斤狗狗一天喝超過 1000 ml 的水的話，就會判定有多渴的症狀。

多尿多渴常常是一起發生的，造成的原因非常多。通常都是尿尿先變多之後，由於水分大量的流失，造成動物非常口渴而想要多喝水來補充流失的水分。在老年貓狗，最常見造成多尿多渴的原因就是慢性腎病。腎臟在功能正常的情況下，會盡量將水分重新吸收回身體內，濃縮尿液，避免水分流失過多。慢性腎病的狗貓，由於腎臟結構逐漸退化，濃縮尿液的功能就會越來越差，造成水分大量流失，尿液就會被稀釋、尿量就會過多。🐾

腎臟 & 泌尿
71

除了腎病之外，還有其他疾病會造成多尿多渴嗎？

很多內分泌疾病都會造成多尿多渴，其中糖尿病就是很常見造成多尿多渴的內分泌疾病，在人類的糖尿病患也有類似的情形。糖尿病是身體對血糖的調控出了問題，造成血糖長期過高。正常情況下，在腎臟濾出的糖分應該被腎臟重吸收回來留在身體裡利用，但糖尿病時血糖高到超過腎臟重吸收的能力，

多餘的糖分就會被濾出留在尿液當中，形成所謂的糖尿（Glycosuria）。這些尿中的糖分有很高的滲透壓，會將腎臟細胞間質的水分拉進尿液當中，造成尿量增加，形成多尿的症狀。

還有一種狗狗常見的內分泌疾病也會導致多尿的狀況，就是腎上腺皮質功能亢進症（Hyperadrenocorticism），又稱為庫欣氏症（Cushing's syndrome）。這種疾病會造成腎上腺皮質素分泌過多，抑制抗利尿激素的生成，導致腎臟對水分的重吸收下降，進而形成多尿。有時這個疾病也會併發糖尿病，情況就會變得更為複雜了。有趣的是，除了腎上腺功能亢進會造成多尿之外，腎上腺功能不足也會造成多尿。

腎上腺功能不足影響的是另外一個荷爾蒙叫做醛固酮（Aldosterone），當醛固酮不足時，腎臟對鈉離子（也就是鹽分）的重吸收就會下降，這些鹽分停留在尿液當中也會增加尿液的滲透壓，造成周圍的水分被拉進尿液，形成多尿的症狀。除了以上介紹到的幾種疾病之外，多尿多渴還有很多其他的不同的原因，必須要請動物醫生做進一步的檢查才能夠確認。

多尿多渴這個症狀通常是慢性的，一般不會造成立即的生命危險。但如果沒有留意，動物持續大量流失水分，喝水的量又不足以補充時，就有可能造成脫水，進而惡化器官功能。尤其是腎臟最容易因為脫水而受到傷害。

所以我們平時就要多注意毛孩尿尿、喝水的量，如果發現尿量和喝水量有異常增多的話，就建議帶去給家庭醫生檢查。毛爸媽可以嘗試收集毛孩早上醒來第一次排尿的尿液，帶去醫院做基本的尿液檢查。動物醫生通常也會建議做一系列基本的血液檢查，看是否有相關的線索需要進一步追蹤。一旦確認有慢性病的存在，就要配合醫生的指示長期治療。

發現多尿多渴的症狀時，千萬不要因為擔心毛孩喝太多就限制他們的喝水量。因為這些疾病通常會造成水分大量流失，毛孩狂喝水是為了要趕快補充流失的水分，其實是一種自救的方式。

我們除了要提供毛孩充足的水源之外，也可以給予濕食增加水分的攝取。如果光靠喝水已經無法補足水分需求，動物醫生可能還會建議住院打點滴，或者教毛爸媽在家幫毛孩進行皮下輸液，避免他們脫水。

在家打針注射對很多人來說可能聽起來很可怕，但其實只要遵照醫生指示多加練習，大部分毛爸媽都能順利學會皮下注射。如此不僅可以幫毛孩控制病情，也可以減少來回醫院的奔波，避免毛孩去醫院的緊迫，是非常方便有效的方式。🐾

醫生說要幫我家毛孩驗尿，所謂的驗尿是驗哪些項目呢？

毛爸媽平常可以多觀察毛孩尿液的狀況，如果發現和平常不同，就可以收集毛孩的尿液去做檢查。也可以將尿液檢查當作定期健康檢查的一部分，每年定期檢測尿液有無異常。

定期的尿液健檢不一定要帶毛孩出門，基本的尿液檢查只要收集尿液，帶去醫院檢查即可，相當方便。基本的尿液檢查包含尿比重測定、尿液試紙，以及顯微鏡下的尿渣檢查，這些檢查的內容如下表。

尿比重（USG）	可以讓我們了解毛孩腎臟的濃縮功能正不正常，產生的尿液會不會太稀。
尿中蛋白質肌酸酐比值（UPC）	若要診斷蛋白尿，第一步可以先從尿液試紙初步判定嚴重程度。然而，尿液試紙的準確度並不夠高，如果高度懷疑毛孩有蛋白尿的情形，動物醫生會建議毛孩進一步做 UPC（Urine protein creatinine ratio）的檢測，以確認尿中蛋白質的含量，除了可以準確判斷嚴重程度之外，也可以藉由數值推測疾病的來源，並追蹤治療的成效。
顯微鏡尿渣檢查	將尿液離心後，用顯微鏡檢查尿中的沉澱物質，看是否有紅血球、白血球，或異常的結晶、上皮細胞、腫瘤細胞及尿圓柱體等等。
尿液試紙	可以檢測尿液的 pH 值，了解尿中是否含有蛋白質、糖分、酮體、膽紅素、紅血球、血紅素、白血球等等。

除了注意尿液情況之外，平常最好也要定期測量毛孩的體重，至少1個月一次，如果發現毛孩體重逐漸變輕，或者肚子異常膨大，就要趕快帶去給動物醫生檢查。🐾

我家狗狗年紀大之後好像不太願意走路，這是為什麼呢？

年紀大的老狗不願意走路，大部分是因為關節退化造成的不舒服，我們稱為退化性關節病（Degenerative joint disease, DJD）。關節指的是骨頭和骨頭之間的交會處，大部分我們熟悉的關節都是屬於可動關節，它可以讓兩個骨頭以一定的角度活動，讓我們可以行走或做出日常生活需要的動作。

關節有所謂的關節囊，可以維持相連骨頭之間的距離，並製造潤滑關節的液體，而骨頭的末端也會被光滑的軟骨包覆，使得關節在活動時能夠減少摩擦，例如：手肘或膝蓋平順的伸直或屈曲。

隨著毛孩的年紀越來越大，形成關節的相關結構會開始退化，關節面可能會變得不平滑，使得關節在活動時的摩擦增加，阻力變大。同時，關節軟骨會由本來柔軟富有彈性的結構變成僵硬而脆化的組織，甚至在嚴重的情況下，有可能會破裂、剝落，使得軟骨碎片掉進關節腔裡，導致每次關節活動時都會被碎片卡到，這些阻礙關節活動的狀況，就會造成關節磨損、發炎，並產生疼痛的感覺。

所以我們會發現年紀大的老狗要從躺臥的姿勢起身時會比較辛苦，走路變得緩慢或不太願意走路，走幾步路就想停下來休息，無法上下樓梯、跳上沙發等等，也有些狗狗會因為尿尿、大便時蹲下的動作造成關節不舒服，導致他們變成邊走路邊排泄，或者是坐下休息時無法順利彎曲雙腳，而變成雙腳伸直的坐姿，這些都是慢性退化性關節炎可能出現的症狀。🐾

我家貓貓以前都喜歡跳上跳下，但是老了之後就整天懶洋洋的不肯動，應該只是年紀大而已嗎？

其實除了狗狗之外，年紀大的貓貓也會有慢性退化性關節炎的問題，只是因為貓貓不像狗狗天天要出門散步，所以貓奴們可能很容易忽略他們的關節問題。他們常常會表現得像是我們對老貓的印象一樣，由於走路和跳躍都會疼痛，所以他們乾脆不動，整天懶洋洋、一直在睡覺，對逗貓棒等等的玩具也毫無興趣。

貓奴們可能會發現以前總是高高在上的貓貓，年紀大之後都不跳貓跳台了，而本來會跳上沙發、跳上床撒嬌的貓貓，現在似乎也不太理人了，這些我們印象中「正常老貓」會有的變化，可能其實都是關節炎造成的症狀之一。

另外還要補充一個從年輕就很常見關節問題的品種，就是摺耳貓。摺耳貓之所以摺耳並不是因為這樣比較可愛，而是因為天生基因突變造成軟骨的發育畸形，外觀上最明顯的就是耳翼的軟骨無法支撐，形成摺耳。當然，除了耳朵之外，全身的關節也都有軟骨存在，這個基因突變也會影響全身骨頭和軟骨的發育，稱為骨軟骨發育不全（Osteochondrodysplasia）。

這些發育異常的骨骼和軟骨，形成的關節也會畸形，所以很快就會產生退化性關節炎，導致嚴重的疼痛，甚至造成膝蓋和踝關節的融合，使得這些關節無法正常活動。這個畸形的基因完全只是因為人類覺得他們可愛才被人為育種給刻意保留下來，但這些摺耳貓其實從一出生就得每天忍受全身上下無止盡的疼痛，實在非常可憐。

作為一個熱愛動物的毛爸媽，我們應該避免購買摺耳貓，讓繁殖業者停止培育這樣畸形的品種，以免造成更多可憐的悲劇。🐾

關節有問題的毛孩，應該怎麼幫他們保養呢？

　　退化性關節炎通常可以靠一些關節保健食品來改善症狀，市面上有很多不同廠牌都有推出關節保健的營養品，他們的成分大多是 Omega-3、魚油、葡萄糖胺、軟骨素、綠唇貝萃取物等等，這些成分可以幫助關節潤滑，也有緩解炎症的效果，大多都能夠有效改善關節疼痛。

　　由於成分組成不同，每個毛孩服用後的效果也會有所差異，毛爸媽們可以多多嘗試不同廠牌的補充品，有時這個牌子沒效，換另一個牌子就能改善了。此外，還有一些飼料廠牌有出關節處方飼料，其中含有一些配方可以幫助關節潤滑、維持關節健康。不過飼料的選擇牽涉到營養學的問題，毛爸媽一定要諮詢家庭醫生，經過動物醫生的專業評估，確定適合毛孩身體狀況才購買，才不會造成其他的營養問題。

　　除了口服的營養補充品之外，有些動物醫院也有提供針劑的關節保護藥物，可以透過定期的注射來改善關節的發炎，有需要的毛爸媽可以向您的家庭動物醫生詢問。如果是很嚴重已經影響毛孩的生活品質的關節炎，例如：排尿排便都無法站穩，甚至已經疼痛到無法站起身走路的情況，就有可能會需要動物醫生開一些比較強的消炎止痛藥物來治療。

　　這些消炎藥物有的是注射，有的是口服，由於它們可能會有一些副作用，所以通常都有一定時間的療程，而不會長期服用，毛爸媽一定要遵照動物醫生的指示給藥，千萬不能任意加藥，甚至是拿人類的消炎藥給毛孩吃，不然後果可是會不堪設想的。🐾

我家的 2 歲狗狗每天都活蹦亂跳，最近發現他走路有時會縮著後腳，醫生說他是膝關節異位，那是什麼？

　　狗狗後腳的膝關節和人類相似，是一塊圓形的膝蓋骨放在大腿骨的凹槽裡面所形成的關節，這塊骨頭的上下有肌腱拉住，使得後腳在彎曲和伸直時，膝蓋骨能夠縱向的在大腿的凹槽裡面滑動，正常狀況下，不論是彎曲還是伸直，膝蓋骨都應該保持在凹槽裡面不會跑出去。

　　然而，有些狗狗的這個凹槽天生就比較淺，沒辦法好好地容納膝蓋骨，如果他們又激動地跑跳，有時膝蓋骨就會往側面移動，跑出這個凹槽，也就是所謂的膝關節異位（Patella luxation），或稱膝關節脫臼、膝關節脫位等等。

　　哪些狗狗容易有膝關節異位的問題呢？以台灣常見的犬種來說，吉娃娃、約克夏、博美、玩具貴賓、波士頓等等小型犬是最常見的。這些品種的狗狗先天發育時大腿骨的凹槽就發育得比較淺，深度不夠而無法好好固定膝蓋骨，造成膝蓋骨容易滑出軌道。尤其如果是刻意人為繁殖的，例如：茶杯貴賓這種畸形犬種，他們的發育會更加異常，更容易有相關的問題。

　　除了小型犬之外，其實中大型犬也有可能會有這個問題，包括沙皮狗、秋田犬等等也是常見膝關節異位的中大型品種。膝蓋骨脫出的方向有可能是往腳的外側或內側脫出，一般來說，小型犬比較容易向內脫出，中大型犬則比較容易向外脫出。有些狗狗是單側腳有這個問題，但大約有一半左右的病例都是雙側膝蓋同時發生異位。

怎麼知道我家狗狗膝關節異位嚴不嚴重呢？

膝關節異位可分成四個等級，動物醫生會透過觸診來評估嚴重程度。

第一級
膝蓋骨平時沒有脫臼的狀況，但用外力可以將膝蓋骨推出凹槽，放開後就立刻回到原位。

第三級
膝蓋骨在平時大部分時間都呈現脫臼狀態，不在凹槽內，但用外力可以把它推回凹槽。

正常
即使用外力推膝蓋骨也無法將它推出凹槽。

第二級
膝蓋骨偶爾會脫出，但大部分時間都沒有脫臼的狀況。若施加壓力可以將膝蓋骨推出凹槽，但放開之後膝蓋骨不會自動回到原位，需要人為把它推回去。

第四級
膝蓋骨持續都在脫臼狀態，即使用外力也無法讓它回到正常位置。

　　輕微的膝關節異位可能沒有症狀，大部分出現症狀的狗狗，都是在跑步、跳躍、急停、急轉彎等等動作之後，突然縮起一隻腳只用三隻腳著地，或者出現跛行的狀況。這個動作可能很短暫，很快就恢復正常，但如果長期累積下來，也可能會發現跛腳的症狀越來越頻繁，甚至完全只能用三隻腳走路。

　　由於膝蓋骨一直不斷地在凹槽的位置滑進滑出，會持續磨損局部的組織，長久下來也會演變成前面提過的退化性關節炎，造成發炎、疼痛。長期嚴重的膝關節異位還可能會造成小腿的扭轉變形，並出現類似「青蛙腿」的現象，後腳好像青蛙一樣只能彎彎的以半蹲的姿勢走路，非常可憐。🐾

膝關節異位要怎麼治療呢？

　　膝關節異位是可以透過手術來矯正的，但如果只是輕微的異位，或者沒有症狀的狗狗，通常並不一定要立刻接受手術，如果已經有明顯症狀造成狗狗不舒服，通常就會建議手術治療。要注意的是，需不需要手術治療跟它的分級嚴重程度有時不見得會完全一致，毛爸媽可以帶著毛孩向家庭醫生或骨科專科醫生諮詢，動物醫生會綜合觸診和 X 光檢查的結果來評估手術的必要性。

　　當然手術一定伴隨著一些風險，依照病況的不同，手術之後也不見得一定能立刻恢復。尤其是長期跛腳的狗狗，有問題的那隻腳可能已經因為長期不敢使用而造成肌肉萎縮，即便膝關節矯正了肌肉也不見得有力氣行走。所以手術後還要依照醫生的指示，配合做復健、按摩、針灸等等，讓他慢慢練習用回那隻腳，才能慢慢恢復功能。

　　除了先天的發育問題我們無法控制外，如果已經知道有輕微異位的狗狗，要怎麼防止惡化呢？首先，毛爸媽應該避免讓毛孩劇烈運動、激烈追逐、急停、跳躍、突然地急轉彎等等，這些動作會讓膝關節承受非常大的壓力，除了膝關節可能異位外，還可能扭傷肌肉，甚至造成十字韌帶斷裂，一定要小心！

　　另外，也要避免讓狗狗只用後腳站立，雖然訓練狗狗「拜拜」、「拜託」的動作很可愛，但這樣的動作其實對他們的膝關節是有很大負擔的，尤其如果是胖狗，負擔更是沉重，應該盡量避免。

　　由於膝蓋骨長期在關節面的滑動、磨損也會引發退化性關節炎，所以在保養品方面，如同之前提過的，可以補充 Omega-3、魚油、葡萄糖胺、軟骨素、綠唇貝萃取物等等，也可以嘗試關節處方飼料。不過如果症狀嚴重的，還是應該諮詢骨科醫生安排手術，才是治本之道。🐾

我家狗狗最近突然一直歪著頭走路，而且常常重心不穩，怎麼會這樣？

　　狗狗如果聽到感興趣的聲音，或想看得更清楚的時候，有時會有短暫的歪頭動作，看起來好像很疑惑的樣子，實在非常賣萌。但如果這個歪頭動作一直持續而且無法恢復正常，就有可能是疾病造成的了。

　　毛孩要維持身體平衡，主要靠的是前庭系統這個神經構造，這個系統在兩邊耳朵的內耳深處有一對感測器，可以偵測身體的運動和保持姿勢的平衡。由於身體的運動包含了旋轉和移動，所以前庭系統也由兩個部分組成，包括感測旋轉動作的半規管系統，以及感測直線加速的耳石。

　　透過前庭系統來接收和分析外界狀況，再發送信號給全身的肌肉，身體就能保持正常的平衡狀態。而如果前庭系統出了問題，平衡感混亂，身體就可能會歪一邊。

　　身體在無法保持平衡的狀態下，除了外觀上會看到頭部歪向一邊之外，傾斜那側的肌肉張力也會比較差。同時，毛孩也會感覺好像暈車那樣，覺得整個世界天旋地轉，非常頭暈，因此歪頭的動物通常會伴隨著走路不穩，且容易往傾斜的那一側跌倒，也常常因頭暈而造成嘔吐的症狀，如果實在暈眩得很不舒服，也可能會有食慾減退，甚至完全不肯吃飯的情況，毛爸媽都要特別留意。

　　除了歪頭之外，有些毛爸媽也會發現狗狗的眼球不停的跳動，好像無法固定對焦一個地方的感覺，這種症狀我們稱為眼球震顫（Nystagmus），也是前庭問題的典型症狀之一，主要是因為混亂的前庭系統以為狗狗的身體正在移動，為了在移動中保持良好的視線，眼球就必須跟著移動，所以就會出現這種眼球不停快速移動的狀況。

　　由於前庭的感測器位在耳朵深處，所以前庭疾病很常見的一個原因就是中耳炎造成。如果狗狗平時沒有保持耳道清潔，嚴重的外耳炎可能會有細菌和酵

母菌感染，如果沒有妥善治療，可能造成耳道化膿，在更深處的中耳、內耳造成積水積膿，造成前庭系統發炎而產生歪頭症狀。除了發炎之外，有些造成耳部毒性的藥物及腫瘤、創傷、內分泌等問題也可能傷害前庭系統而造成症狀。

有些老年狗狗會突然產生歪頭症狀，但卻沒有明顯的中耳炎，也沒有其他腫瘤、創傷的問題，這種找不到原因的前庭疾病，稱為「不明原因前庭症候群（Idiopathic vestibular syndrome）」或「老年前庭症候群（Geriatric vestibular syndrome）」。這種老年的前庭問題通常不需要太多治療，過幾個星期就會自己慢慢好起來。🐾

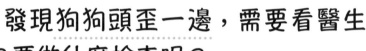

骨骼 & 神經
80

發現狗狗頭歪一邊，需要看醫生嗎？要做什麼檢查呢？

如果發現狗狗無法克制的持續歪頭，雖然不是緊急的狀況，但還是要儘快去看醫生。動物醫生會用檢耳鏡檢查耳朵內部的狀況，看看是否有明顯的發炎，有時耳朵深處的問題用檢耳鏡可能看不到，就可能會需要拍頭部的 X 光，或者用耳道內視鏡檢查。

除了內耳的問題屬於周邊前庭系統異常之外，在腦部的小腦、腦幹裡面還有一個統合全身平衡訊號的中樞前庭系統，如果是在這個區域發生病變，也會造成毛孩出現歪頭和眼球震顫的症狀。如果懷疑是頭顱內部的腫瘤、發炎問題，就有可能會需要用到電腦斷層掃描（CT）或核磁共振（MRI）來檢查，才能清楚看到顱內的結構。

如果是耳道發炎的問題，動物醫生可能會建議用清耳液每天幫毛孩把耳道內的分泌物清出來，再使用外用的耳藥達到消炎、殺菌的效果。有時可能也會配合口服或注射的抗生素來殺死內部深層的細菌感染。

如果不幸發現是腫瘤，就要仔細評估有沒有機會切除，通常耳朵深層甚至是腦部的腫瘤手術難度都會非常高，需要有經驗的專科醫生來處理。而如果把前面所提到的幾個原因都排除，配合病史判斷可能是不明原因的老年前庭症候群的話，通常就只需要舒緩症狀，給予止吐、止暈眩的藥物即可。

歪頭的狗狗雖然看起來很賣萌，但其實他們的感受是非常辛苦的，也很容易不小心就跌倒。毛爸媽要多多注意家中的地板不要有太多危險堅硬的障礙物，餵飯時也要盡量協助他們，避免他們在頭暈目眩時不小心受傷。🐾

- -

SKELETAL&NEUROLOGIC

骨骼 & 神經

81

我家貓貓有時候會突然無法控制的全身抽搐，這是羊癲瘋嗎？

有些狗狗和貓貓可能會莫名地突然倒地，出現無意識的全身抽搐、口吐白沫、糞尿失禁、對空划水、角弓反張等等的動作，這種症狀我們稱之為發作（Seizure），而如果這種發作的狀況反覆出現，就稱為癲癇（Epilepsy），也就是俗稱的羊癲瘋。

毛孩的神經系統主要靠細胞的放電及化學物質來傳遞神經訊號到全身各處，而癲癇就是腦部的細胞異常地大量放電，造成全身神經肌肉出現異常的動作。根據研究，大約有 0.5% ～ 5% 的狗狗及 1% ～ 3% 的貓貓有癲癇的問題。

癲癇其實並不一定都會影響到全身，我們一般常看到的全身抽搐其實準確地說應該稱為全身性大發作，而有些毛孩發生的是局部性的小發作，也就是大腦只有局部異常放電，這個時候的症狀就沒有全身抽搐這麼明顯，可能只會看到他們臉部有不對稱的抽動，或是只有某一個手腳僵硬或持續伸直的狀況。這種局部的異常有時可能會被毛爸媽忽略，但其實小發作如果都不處理，也可能會演變成全身性痙攣，絕對是一個需要注意的警訊。🐾

羊癲瘋好可怕，到底是什麼病造成的呢？

　　造成癲癇的原因有很多，有可能是營養不良、低血鈣、低血糖、肝臟疾病（例如：先天肝門脈分流）、中毒、感染（例如：犬瘟熱）、腦部創傷，以及自體免疫疾病（例如：腦膜腦炎）等等，也有可能是先天性的腦部畸形、水腦症，或者在年紀大的狗狗可能會有腦腫瘤、腦出血等等的問題。

　　除了上述各種不同疾病之外，其實最常見的反而是原因不明的癲癇，可能是毛孩先天基因的缺陷造成的。

　　癲癇的發作其實並非完全沒有徵兆，通常他們在發作前都會有一些異常的行為，例如：找地方躲起來、突然變得緊張、發抖、流口水、焦慮不安、來回踱步等等。這些異常的行為可能會持續幾秒鐘甚至到幾個小時，之後就開始進入發作狀態。

　　不論是全身性的大發作或局部的小發作，持續的時間可能會是幾秒或幾分鐘，而在發作結束之後還會有一個發作後期的症狀，可能又會出現焦慮不安、來回踱步、流口水、意識不清楚的狀況，甚至有些毛孩在發作後可能會有短暫的失明。發作後期持續的時間可能會是幾分鐘或幾小時，有的甚至可能長達好幾天。

　　癲癇發作如果很頻繁，全身的肌肉持續痙攣，可能會造成體溫升高，進而影響身體器官的運作。另外大腦持續的異常放電，也會傷害正常的腦組織和神經系統，有些嚴重的病例甚至可能造成肺水腫，使毛孩呼吸困難最後導致死亡。所以如果家中毛孩有癲癇的問題，一定要儘快找神經科醫生諮詢，千萬不要忽視。🐾

我家貓貓在抽搐的時候會一直咬空氣，我擔心他會咬到舌頭，是不是應該把他嘴巴打開，讓他不要亂咬呢？

　　毛爸媽在看到毛孩癲癇發作時一定都會非常緊張，甚至看到發作中的毛孩因為抽搐而不停咬空氣時，可能會因為擔心他們咬到舌頭而用手去撬開毛孩的嘴巴，其實這個動作是非常錯誤的，因為此時的毛孩已經完全失去控制自己的能力，很容易會不小心把毛爸媽咬傷。在發作中也不需要特別去幫他們擦口水，甚至餵水或食物，除了可能會不小心被咬傷外，也可能反而讓毛孩嗆到。

　　我們應該要做的是先保持鎮定，把毛孩周圍的障礙物移除，鋪上軟墊避免他們撞傷。接著拿出手機錄影，把他們發作的情況和發作後的行為仔細記錄起來，能為動物醫生的診斷提供非常重要的資訊。在錄影過程中，也可以嘗試呼喚毛孩的名字，測試他們是否還有意識能夠回應，也能達到些許安撫的效果。

　　發現毛孩有癲癇發作的情形之後，就應該帶毛孩找動物醫生做檢查，如果癲癇發作的時間持續超過 5 分鐘，甚至在同一天內有超過兩次以上的發作就應該趕快掛急診，因為反覆的癲癇可能會造成腦部神經細胞的損壞，甚至影響其他器官造成死亡，必須要趕快接受治療。

　　動物醫生可能會幫毛孩做詳細的神經學檢查，並做一系列的血液和尿液的化驗，來檢查有沒有其他器官的疾病造成癲癇。如果判斷根本的問題可能出在腦部，就有可能會建議做電腦斷層、核磁共振和腦脊髓液的採樣分析，來檢查有沒有腦部的腫瘤、發炎、感染等等。

　　很多癲癇的病例都需要長期服用抗癲癇的藥物來控制，並且需要密切的回診追蹤和治療。照顧癲癇的病患會需要很多耐心和細心，毛爸媽一定要和動物醫生良好配合、準時回診、隨時溝通，千萬不能自行停藥或更改藥物劑量，不然很容易就會讓病情失去控制。🐾

最近摸到我家貓貓的乳頭附近有一個小硬塊，醫生說是乳腺瘤，原來貓貓也會得乳癌嗎？

　　乳腺瘤是貓貓很常見的腫瘤之一，在貓貓所有的癌症當中發生率排名第三，統計發現，大約有 15% ～ 20% 的母貓曾經罹患乳腺腫瘤，也就是每五～六隻貓就有一隻可能罹患，比例非常高。一般來說腫瘤可以分為良性和惡性，如果是良性的腫瘤通常生長緩慢，不太會危及生命。然而研究發現貓貓的乳腺腫瘤有 85% ～ 95% 的機會是惡性腫瘤，也就是俗稱的乳癌，所以基本上只要確診乳腺腫瘤，幾乎就等同於確認得了癌症，如果置之不理，很快就會蔓延全身，奪走貓貓的性命。

　　乳腺瘤通常發生在 8 ～ 16 歲之間的年紀，其中又以暹羅貓（Siamese）這個品種最常發生。此外，雌性荷爾蒙是造成乳腺腫瘤最大的風險因子，越早結紮就能夠越大幅度地減少發生乳癌的風險，根據研究顯示，在貓貓 6 個月齡之前結紮，可以讓發生乳癌的風險降低 91%，在 1 歲之前結紮，都還能夠降低86% 之多，所以如果沒有打算讓貓貓當媽媽的話，還是要儘早絕育比較好。🐾

貓貓的乳癌要怎麼治療呢？

　　如果真的不幸罹患了乳腺腫瘤，如同前面所說的，因為貓貓的乳腺腫瘤幾乎都是惡性，很容易蔓延到全身，所以一定要儘早切除。很多時候雖然我們只發現其中一個乳腺有小硬塊，但實際上其他乳腺也很有可能已經開始病變，只是還沒有達到我們摸得出來的程度。此外，癌細胞也可能在我們摸不到的位置

已經有轉移的現象，最常轉移的位置就是腋下和鼠蹊的淋巴結，再經由淋巴系統的循環轉移到肺臟。如果早期發現早期治療，還有機會將癌細胞切除乾淨，但如果一直拖延到癌細胞轉移到了肺臟，就再也沒有辦法藉由手術切除，離鬼門關也就不遠了。

為了避免後患無窮，只要發現一個乳腺瘤，動物醫生通常都會建議至少要將單側整排四個乳腺都切除，依照情況可能還會包含淋巴結的摘除，以免殘留癌細胞在身體裡面，更積極一點的做法，甚至會將雙側兩排全部乳腺都完全摘除，這樣就能大幅減少癌症復發的可能性。有研究指出，如果只針對乳癌硬塊做局部切除的話，貓貓的平均存活時間大概只有 7 個月，如果能做單側整排切除，平均存活時間就可以延長到 19 個月，也就是增加了 1 年壽命，而如果能夠將雙側所有乳腺都摘除，平均存活時間更可以達到 31 個月之久！所以雖然傷口很大，看起來有點可怕，但為了打敗可怕的癌細胞，整排切除絕對是值得的。🐾

TUMOR & NEOPLASIA
腫瘤 & 癌症
86

有什麼方法可以預防乳癌嗎？

乳腺癌最好的預防方式就是早期絕育，女生的貓貓最好在 1 歲之前結紮，才能大幅減少老年罹患乳癌的機率。另一件我們要做的事情就是早期發現早期治療，平時沒事的時候就可以摸摸他們身上有沒有異常的硬塊，如果有發現奇怪的團塊，就要趕快看醫生。研究發現，如果能在乳癌團塊越小的時候就將它切除，治療效果也會越好，如果在團塊小於 2 公分的時候切除，平均存活時間還能有 2 ～ 3 年，如果在團塊 2 ～ 3 公分大的時候切除，平均存活時間大概是 1.5 ～ 2 年，而如果拖到團塊已經超過 3 公分才手術切除的話，平均存活時間就只剩下半年了。所以一旦發現就要趕快治療，千萬不要拖延。🐾

我家狗狗的身上長了一個 1 公分的肉瘤，醫生說是肥大細胞瘤，要大範圍切除，傷口有可能從腋下到胯下那麼大，真的有這麼嚴重嗎？

　　肥大細胞瘤在狗狗來說相當常見，在狗狗的皮膚腫瘤裡面大概占了 20% 的病例。他們可能是單一個團塊或多個同時出現，有些肥大細胞瘤外觀很光滑，但也有時可能會有表面潰爛的情況。肥大細胞瘤依照它惡性的程度可以分成三個等級，所謂惡性的程度包括了癌細胞分裂的速度，以及對周圍組織的侵犯性等等，其中惡性度第一級代表的是比較低的惡性程度，對於周遭器官的侵犯性比較低，癌細胞轉移的機率也比較低。相對地，第三級就是惡性度最高的肥大細胞瘤，除了會快速侵犯周圍的組織之外，也有非常高的機會隨著血液轉移到其他器官，所以應該儘早以手術切除，並且依照情況搭配化療控制。

SECTION 01　切除腫瘤的重要概念

　　說到切除腫瘤，我們必須要了解幾個重要觀念。

寧可錯殺一千，不可放過一個

　　在切除惡性腫瘤時，我們的原則一定是寧可錯殺一千不可放過一個，因為癌細胞的生長速度非常快，只要在身體殘留少數幾個癌細胞，他們就能很快長回原狀，甚至比原來更可怕，結果不只讓毛孩白挨一刀，甚至可能會很快奪走毛孩的性命。

惡性腫瘤復發非常快

癌細胞的數量遠比我們想像的多，一個小小直徑 1 公分的腫瘤，就有可能包含了一億個癌細胞，如果手術沒有切除乾淨，只要殘留了 1 公釐大小的團塊，就等於留下了十萬個癌細胞在身體裡，那這些癌細胞只要再分裂十次就可以回到原狀，對於一個惡性腫瘤來說，可能只是幾天到幾個禮拜的事情，復發是非常快的。

腫瘤有肉眼看不到的部分

我們在皮膚表面看到的腫瘤，實際上只是整個腫瘤的冰山一角，因為惡性腫瘤常常不是一個完整的圓球形，而是像一滴牛奶滴在地板上那樣，我們雖然看得到最大的水滴，但還有很多飛濺出去的小水花是我們肉眼看不到的。所以如果我們切除腫瘤的時候，只沿著看得到的團塊邊緣切除，就會像是沿著一隻蜘蛛的身體切斷，但卻把它的八隻腳留在毛孩的身體裡面，這樣子的手術就失去意義了。

　　有鑑於這些原因，動物醫生在面對侵犯性很高的惡性腫瘤時，通常都會建議大範圍切除，所以傷口通常都會很大，依照腫瘤位置的不同，甚至有些時候還得切除一部分的骨頭。雖然看起來很殘忍、很捨不得，但是面對可怕的癌細胞，實在是不能心軟。🐾

腫瘤手術傷口好大好心疼，能不能盡量縮小呢？

　　每個毛孩的腫瘤惡性程度都不同，有些惡性程度不高的腫瘤，手術的傷口就不一定要這麼大，甚至若是良性的腫瘤的話，有可能連手術都不需要。那我們到底要怎麼知道手術範圍要多大呢？這就突顯了採樣檢查和癌症分期的重要性。動物醫生通常會參考下表來幫罹患癌症的毛孩做臨床分級，不過不同種類的癌症其實分期的細節標準不同，詳情毛爸媽可以再諮詢主治的腫瘤科醫生。

癌症分期	腫瘤直徑	有無淋巴結轉移	有無遠端轉移
第一期	< 2 cm	無	無
第二期	2～5 cm（不同腫瘤數字標準不同）	無	無
第三期	> 3～5 cm 或多個皮膚腫瘤	無	無
第四期	不論大小	有	無
第五期	不論大小	不論有無	有

　　所謂知己知彼才能百戰百勝，我們在對付敵人之前，當然要先搞清楚我們的敵人是誰？對方有多少武器？才能知道我們到底需要用手槍還是大砲來打贏這場戰爭。一位好的腫瘤外科醫生，通常都會先建議針對腫瘤做採樣檢查，只要拿到少量的腫瘤組織，就能了解這個腫瘤的侵犯性有多大，以及我們有哪些治療方式可以對付它。再搭配電腦斷層、超音波和 X 光檢查來確認腫瘤的範圍，以及是否已經轉移，才能制定最完善、最適合毛孩的治療計畫。雖然比起直接切除來得複雜許多，檢查費用可能也會比較高，但要讓癌細胞一刀斃命、不再復發，讓毛孩不需要再受到癌細胞反覆的煎熬，這些檢查都是非常重要的，毛爸媽千萬不要因小失大，如果省略了檢查，卻換來癌症不斷復發，就真的太不值得了！🐾

我家狗狗的腳上長了一顆東西，請問那是什麼？

有時毛爸媽在抱家中毛孩，或幫毛孩梳毛時，可能會無意間發現一些皮膚表面的團塊，有些細心的毛爸媽可能甚至會摸到肚子裡面的團塊。因此，我常常會收到一些網路訊息問我：

「醫生，我家狗狗腳上長了一顆東西，請問那是什麼？」

隨信附上一張沒有對焦成功的模糊照片，或是一張遠遠拍攝、看不太到團塊在哪裡的照片。通常看到這樣的照片我都只能苦笑，這就像是給我一百人的大合照問我第五排第八個人是哪裡人一樣的困難。

想要知道狗狗身上長了一顆東西是什麼，光靠照片是絕對不夠的，一定必須帶他們去給動物醫生檢查，動物醫生會透過觀察外觀、觸摸質地的方式，進一步推斷地比較可能是腫瘤、膿包、水囊、發炎、疝氣還是增生等等。

「醫生，你親眼看到也親手摸到了，那這顆到底是什麼？」

「準確的說，我不知道。」

「蛤？」

其實就算看到和摸到團塊，我們也只能從經驗上大概推斷他是屬於哪一種類型的病灶，例如：看起來明顯像是膿包，或者摸起來質地像是脂肪等等，可能可以藉此提供一個大概的方向。

但如果要具體知道它是良性還是惡性腫瘤、是哪裡來的腫瘤、要用什麼藥物治療等等更詳細的資訊，光靠視診和觸診是遠遠不夠的。想要準確地診斷，我們必須要知道組成這個團塊的細胞是哪種細胞，最好還能看到整個團塊結構的排列，而這個時候就需要「採樣檢查」了。🐾

醫生說我家狗狗要做採樣檢查，那是什麼？

什麼是採樣檢查呢？所謂採樣，其實是「採取樣本」的簡稱，就是從動物身上發生病變的位置，取出一小部分的檢體去化驗，這些檢體可能是動物體內蓄積的液體、是腫瘤的細胞，或是一小塊病變組織。

得到樣本之後，我們可以透過顯微鏡去檢查裡面的細胞是不是癌細胞、病變組織的結構生長的樣子像不像癌症組織，從而判斷它是屬於良性還是惡性的團塊，需不需要立即切除。有了採樣檢查的結果，就可以詳細告訴你這顆東西到底是什麼，以及下一步到底要怎麼做了。

如果可以將團塊完整地切下來送去化驗的話，就能清楚知道整個團塊的組成，然而，有些癌細胞非常惡性，會藏在一些正常組織裡面伺機而動，需要大範圍切除才能確保它不會復發。

另外也有一些團塊只是良性增生，就算不切除也沒有關係，並不會影響到毛孩的健康。因此如果想避免毛孩多挨一刀，或是避免癌症復發，最好還是要在手術前先進行採樣，了解它是屬於哪種腫瘤，才能制定更好的手術計畫。🐾

SECTION 01 採樣方式

那麼採樣有哪些方式呢？最常見的就是細針採樣（Fine needle biopsy）、粗針採樣（Tru-cut biopsy）以及手術活體組織切片採樣（Surgical biopsy）。

細針採樣

優點	★ 傷口只有一個針孔大小，所以不用擔心癒合問題，出血的機會也比較低。 ★ 不需要全身麻醉，可以在清醒狀態下檢查，或只需要輕度鎮靜就可以完成，麻醉風險較低。 ★ 適合作為腫瘤檢查的第一步。
缺點	★ 只能抽取零散的細胞來檢查，沒辦法看到癌細胞組織的整體結構。 ★ 準確度比較低，有可能會沒有抽到癌細胞。 ★ 如果看到癌細胞，就可以合理懷疑它是癌症（因為正常身體不會出現癌細胞），但如果只看到良性細胞，仍然不能排除它是癌症的可能性（因為有機會只是剛好沒抽到）。

粗針採樣

優點	★ 通常不需要全身麻醉，不需要縫合傷口。 ★ 取出的樣本比細針多，可以看到團塊的細胞排列，準確度比細針採樣高。
缺點	★ 傷口比細針大，出血的機會稍微高一些。 ★ 需要比較深的鎮靜，麻醉風險比細針採樣稍高一些。 ★ 取出的樣本還是偏小，仍有可能因為沒有採到癌細胞而無法判斷。

手術採樣

優點	★ 腫瘤診斷的黃金標準。 ★ 取出的樣本最充足，能夠看到完整的團塊結構，提供最多資訊，得到最準確的診斷。 ★ 可以同時將腫瘤切除，達到治療效果。
缺點	★ 必須全身麻醉，麻醉風險比較高，需要良好的術前評估。 ★ 傷口較大，需要縫合，也需要比較多時間癒合。

　　不管是多小的團塊，一旦發現，都建議應該要仔細留意它生長的速度，並且及早做採樣檢查來確定它的來源，這樣才能早期發現惡性的癌症，早期治療，避免癌細胞擴散到其他器官。所以毛爸媽千萬不要拖延，等到癌細胞蔓延全身、危及生命，那就後悔莫及了。

以前帶家裡貓主子去打預防針，通常都是打在背上，但這次遇到的醫生竟然打在尾巴上，這個醫生是不是有點奇怪呀？

貓貓打預防針跟狗狗有點不一樣的地方是，大約從 20 年前開始，就陸續有些貓貓被發現，他們在打了預防針之後，打針的位置開始慢性發炎、腫脹，而且幾個禮拜都不消退，最後長成一個很大的腫瘤，而這種腫瘤後來被統稱為貓注射部位肉瘤（Feline injection-site sarcoma, FISS）。

FISS 是一種非常惡性的纖維肉瘤，它的侵犯性極強，會快速破壞注射部位周圍的組織，形成一個與周圍組織密不可分的龐大肉瘤。從注射到形成肉瘤的時間可能只有幾個月，但也有可能在打針後好幾年才產生這種腫瘤，所以目前還不能有效預防它的發生。而如果不幸罹患這種腫瘤，治療的方法就是要大範圍切除腫瘤周圍的所有組織，一般建議是以腫瘤為中心的 5 公分圓周範圍都要切除。然而，很多貓貓的體型並不大，5 公分範圍幾乎涵蓋了大部分的身體組織，所以實行上會非常困難。但如果小於這個範圍，又很有可能造成癌細胞殘留，最後奪走貓貓的性命。

如果疫苗注射在背部，一旦發生腫瘤，就很有可能會侵犯到重要的脊椎、神經組織；如果打在肩膀，甚至有可能侵犯脖子和頭部。這些器官都是貓貓生存必須的重要器官，所以一旦發生就幾乎完全沒有切除的可能，只能坐以待斃。因此，目前國際貓科學會建議將疫苗施打在尾巴或四肢的末端，並且每次都施打在不同位置，避免反覆的刺激。施打在尾巴和四肢的好處，就是萬一真的不幸罹患這種可怕的腫瘤時，還能以截尾或截肢的方式拯救他們的性命，而且通常截肢或截尾的貓貓都能適應良好，幾乎完全不會影響他們的生活品質。

所以，會選擇把疫苗打在尾巴或四肢的動物醫生，其實是非常用功、按照世界最新的醫學建議來做的，絕對不是什麼奇怪的醫生。不過由於四肢和尾巴的皮下空間比較小，把疫苗打進去的時候會比較不舒服，貓貓可能會反抗和掙扎，這都是正常會遇到的狀況，為了他們的健康著想，也要請毛爸媽多多包容了。🐾

TUMOR & NEOPLASIA +
腫瘤 & 癌症
92

原來打疫苗也有可能長腫瘤，有沒有什麼方法可以避免呢？

除了注射疫苗的部位之外，目前已經知道有可能增加注射部位肉瘤風險的因子就是疫苗的佐劑，所謂佐劑就是添加在疫苗當中，幫助疫苗發揮更好保護效果，或是輔助疫苗長期存放的一些物質。已經有文獻發現一些含鋁的佐劑可能會增加發生腫瘤的風險，所以如果貓貓要打狂犬病或白血病疫苗，可以選擇無佐劑的疫苗廠牌，雖然比較昂貴，但是可以大幅減少發生腫瘤的機率，不過不是每間動物醫院都有提供，建議在約診的時候要提早詢問比較好。

其他有關貓貓疫苗該多久打一次，需要涵蓋哪些病毒等等的資訊，已經在本書的其他章節有介紹過，有興趣了解的話，不妨回頭翻閱看看。🐾

毛孩得了癌症也能像人一樣做化療嗎？

　　如果毛孩不幸得了癌症，也就是所謂的惡性腫瘤，最立竿見影的治療方法就是用手術的方式盡量把癌細胞切除，尤其當癌細胞形成一個明顯的腫瘤團塊時，運用手術，就可以快速地移除大量的癌細胞。

　　然而，即便我們盡可能大範圍的將腫瘤切除，我們還是不能確認是否有漏網之魚藏在其他正常的組織裡面，尤其癌細胞生長的速度很快，只要有少量的癌細胞還留在身體裡面，就有可能很快復發，在幾個星期內又長出跟原本一樣大的腫瘤。所以動物醫生在治療毛孩的癌症時，通常會以手術合併化療，或是在一些無法手術的癌症毛孩，直接用化療的方式來抑制癌細胞生長。

　　是的，毛孩也能做化療，所謂的化療是「化學治療」的簡稱，它是用一些抑制 DNA、RNA 複製、阻斷蛋白質合成藥物來阻止細胞分裂生長。癌細胞因細胞分裂比正常細胞旺盛，就會首當其衝遭到抑制、破壞，使癌細胞死亡。

　　當然，除了癌細胞以外，身體裡面有些正常細胞的分裂也很旺盛，例如：頭髮的毛囊細胞、骨髓裡面的造血細胞等等，有時在殺滅癌細胞時如果不小心也殺死毛囊細胞的話，病患就有可能會掉頭髮，如果不小心殺死造血細胞，就有可能造成貧血或免疫細胞不足，使得免疫力變差，這些都是在人類很常聽到的副作用，也是大多數人對化療的第一印象。

　　近年來也開始有所謂的「標靶藥物」可以用在毛孩身上。標靶藥物主要是攻擊癌細胞賴以維生的一些特定分子，所以標靶治療相較傳統的化療藥物，比較不會誤傷到正常細胞，也因此副作用較少。然而，並不是每種癌症都有標靶藥物可以使用，必須符合特定條件，或有特定分子的癌症才適用。🐾

毛孩化療會不會很痛苦？我是不是應該不要讓他做化療比較好？

　　一想到可怕的化療副作用，毛爸媽往往都會卻步，擔心化療可能帶給毛孩更多痛苦，所以有些毛爸媽會寧可選擇完全不做治療，讓毛孩自然死去。不過其實，毛孩的化療相對人類來說，發生副作用的比例是明顯低很多的，因為人類的生活型態比較複雜，壽命也比較長，為了有效殺滅所有癌細胞，延長20～30年的壽命，並控制癌症帶來的各種不適，需要使用的化療藥物劑量就相對比較高一些，因此產生的副作用也相對比較明顯。

　　毛孩體型小，平均壽命比人類短，治療的目標會比較著重於控制病情及維持良好的生活品質，相對地所需的化療藥物劑量較低，副作用也會比較輕微，所以其實毛爸媽可以不需要太過擔心。

　　很多拒絕化療的毛爸媽會轉向網路上尋找各種偏方、自然療法、食物療法，或一些號稱動物醫生都不知道的神奇抗癌產品等等。倡導這些仙丹妙藥的人常常會不斷講述一些神奇的案例，且大多宣稱完全沒有副作用，然而遺憾的是，他們也大多完全沒有療效，只是利用毛爸媽的徬徨不安，趁機牟取利益而已。其實大部分的替代療法頂多只有些微舒緩，甚至只有心理作用的效果，就連蘋果的創辦人賈伯斯也是誤信偏方，最後因延誤病情而回天乏術。想想看，如果這些偏方真的能有效抗癌，早就已經得諾貝爾獎並在全世界熱銷，絕對不可能只在網路上偷偷販賣的。

　　其實，很多罹患癌症的毛孩經過手術和化療積極治療之後，都能維持很長一段時間正常開心的生活。很多癌症在完成完整的化療療程後，都能夠很快地獲得改善，例如：淋巴癌、白血病這類的癌症，常常在化療開始後的幾週內，就能看到毛孩明顯的精神胃口變好，幾乎跟健康的毛孩沒有兩樣，同時也沒有明顯的副作用，看到他們可以繼續開心的跑跳，真的非常欣慰，所以毛爸媽一定要跟腫瘤科醫生多多討論，千萬不要輕言放棄。🐾

如果要做化療，應該做什麼準備呢？

　　化療藥物有非常多種，不同細胞來源的腫瘤所需使用的藥物種類都不相同，對於化療的反應也不一樣，所以必須經過採樣得到詳細的病理組織學診斷，才能正確選擇適合的治療藥物。腫瘤科的動物醫生也會根據不同腫瘤對化療的反應，以及毛孩目前的癌症分期，推估化療可以延長的存活時間，提供毛爸媽參考。

　　在化療之前，動物醫生通常會先幫毛孩做一次較詳細的驗血和影像檢查，針對較容易受化療藥物影響的紅白血球、血小板、肝腎指數等等做一個基礎值的記錄，也會先記錄腫瘤大小、淋巴結大小，以及有沒有遠端轉移等等資訊，這樣開始化療療程後就能和治療前的初始值做比較，確認藥效及是否有副作用。

　　化療通常會合併使用幾個不同的藥物，來達到最大的療效及最少的副作用。這些藥物可能是針劑也可能是口服藥，通常針劑都會在醫院施打，但如果有回家吃的口服化療藥的話，毛爸媽一定要記得觸碰這些藥物時都務必戴手套，如果直接以皮膚接觸的話對人體是有害的。而化療的療程一般都比較長，可能長達好幾個月甚至 1 年，在療程中也會需要密切監控各項身體數值，所以不管在醫療費用上或者照顧的心力上，都需要毛爸媽全力的配合。

　　另外要注意的是，有些比較中晚期的癌症，雖然在化療後可以看到明顯的改善，但可能只是暫時的抑制，並不是完全治癒。所以即便在化療療程結束之後，還是要繼續密切監控、定期複診，一旦復發就有可能需要再次進行療程，或是更換其他化療藥物。唯有醫生和毛爸媽的全力合作，才能讓毛孩陪伴家人更久，讓他們的最後一段路也能開心地享受天倫之樂。🐾

心臟
96

狗貓正常的心跳是多快？跟人類差不多嗎？

　　狗貓正常的心跳是比人類來得快的，尤其貓貓的心跳正常就是人類的 2 倍以上，大約在每分鐘 140 ～ 220 下之間。依照他們的情緒狀態，如果每分鐘低於 120 下甚至是不到 80 下的話，我們會認為心跳太慢，可能有異常。反之，如果每分鐘超過 240 下就算是太快了。

　　而狗狗依照不同的體型大小，正常的心跳速度也不太一樣，一般來說體型越大的狗狗心跳就越緩慢。狗狗的體型有分大型、中型和小型犬，10 公斤以下的小型犬（例如：貴賓犬、馬爾濟斯、約克夏等等），正常平靜狀態下的心跳大約是每分鐘 90 ～ 120 下左右，超過每分鐘 180 下就會認為太快，低於每分鐘 60 下就算是太慢。中型犬（例如：柯基犬、柴犬、牧羊犬等等），正常心跳大約是每分鐘 70 ～ 110 下。

　　而 20 公斤以上的大型犬（例如：黃金獵犬、拉布拉多、哈士奇等等），正常心跳就大概是每分鐘 60 ～ 90 下，超過 140 下就太快，低於 40 下就太慢。另外還有些狗狗的體型甚至大到幾乎跟一個人類一樣大，體重在 45 公斤以上的，我們會稱他們為巨型犬種（例如：大丹犬、聖伯納犬、紐芬蘭犬等等），這類品種的狗狗正常心跳又會再更慢一些。

　　有關狗貓正常心跳的數值，可以參考下方表格。

心跳速率（每分鐘）	過慢	正常	過快
小型犬（＜ 10 kg）	＜ 60	90 ～ 120	＞ 180
中型犬（10 ～ 20 kg）	＜ 50	70 ～ 110	＞ 160
大型犬（＞ 10 kg）	＜ 40	60 ～ 90	＞ 140
貓	＜ 120	140 ～ 220	＞ 240

· CARDIOVASCULAR ·

心臟
97

我家狗狗有心臟病，要怎麼幫他數心跳呢？

　　毛爸媽如果想要在家幫毛孩監測心跳的話，可以試著記錄他們每分鐘的心跳次數。中大型犬可以試著用手觸摸他們左側腋下後方的胸壁，有可能可以摸到心臟的跳動，或者將耳朵直接貼在左側胸壁上聽他們的心音（但是太胖或毛髮濃密的毛孩可能不適用）。

　　另一個方法是買一個簡易的聽診器，將聽診器放在毛孩左手肘後方的胸壁上聽心音，聽到兩個心音就代表一次心跳，一邊計數一邊用碼表計時 10 或 15秒，並將數到的次數乘以 6 或乘以 4，就可以得到 1 分鐘心跳的次數。如果有空每天記錄一次的話，對於他們未來看病，尤其是長期心臟病的毛孩會非常有幫助。

　　由於聽診器的使用需要特別的技巧，加上有時要找到清楚的心音位置也不容易，有些毛孩又有心雜音的問題可能會影響判斷，如果要正確測量，建議可以直接請家庭醫生面對面教你怎麼監測最適合你家毛孩。🐾

🎀
毛孩小知識

寵物心跳監測
教學（粵語）

狗貓也會高血壓嗎？他們正常的血壓是多少？

狗貓的血壓跟人一樣區分成三種壓力：收縮壓、舒張壓和平均壓，分別代表動脈在收縮和舒張期的壓力，以毫米汞柱（mmHg）為單位。通常我們會著重在測量他們的收縮壓，一來是因為測量方法比較準確，二來是因為心臟收縮時血液需要足夠的壓力才能輸送到全身的器官，所以收縮壓對於全身的循環非常重要。

正常狗貓的收縮壓大約在 100 ～ 140mmHg 左右，如果收縮壓低於 90 ～ 100mmHg，代表血壓太低、循環太差，因此他們可能會覺得全身無力、虛弱，甚至暈倒，症狀比較明顯。相反地，高血壓的症狀就比較不明顯而容易被忽略。

根據 2018 年美國獸醫內科醫學會發表的犬貓高血壓診斷及治療指南，當收縮壓在 140 ～ 159 mmHg 之間就稱為「高血壓前期」，開始有高血壓的風險，而當收縮壓達到 160 mmHg 以上就正式進入「高血壓」的階段。

持續的高血壓會危害身體幾個重要的臟器，包括腎臟、眼睛、腦部和心臟，可能造成腎臟損傷、視網膜剝離、出血、突然失明，也可能造成腦部病變、中風及心臟病等等。這些衍生的疾病在初期可能沒有明顯症狀，而等到出現症狀都已經是高血壓很長一段時間了，所以如果想及早發現，還是需要仰賴毛爸媽平時多帶他們去健康檢查，並定期追蹤血壓狀況。🐾

狗貓血壓（mmHg）	正常	高血壓	低血壓
收縮壓	100 ～ 140	> 160	< 90 ～ 100
平均壓	60 ～ 100	－	< 60
舒張壓	50 ～ 80	－	－

毛孩要怎麼量血壓？是跟人類一樣嗎？

　　毛孩們通常怎麼測量血壓呢？相較於人類是伸一隻手臂到機器裡面量血壓，靜靜地坐著等待結果，毛孩們就沒有這麼容易配合了。由於毛孩來到醫院通常都比較緊張，緊張就會造成血壓升高而不準確，所以通常會希望毛孩待在一個安靜不受打擾的密閉診間裡面，先給他們 10 分鐘熟悉一下環境，等他們放下戒心之後，再由毛爸媽陪同測量，安撫他們的情緒。

　　通常動物醫生們會拿一個壓脈帶纏繞毛孩的其中一隻手腳或尾巴，盡量以他們舒服的姿勢保持不動來做測量。而測量的儀器也分成兩大類型，一種是都卜勒式（Doppler），醫生會用一隻手放一個偵測器在他們的腳掌面偵測血流的訊號，另一手則是幫壓脈帶充氣加壓。加壓後，動脈血管會暫時被壓扁而阻斷血流，接著醫生會慢慢將壓力釋放，在慢慢減壓的過程中，血流首度突破壓力沖進血管的那個時間點就是毛孩的收縮壓數值。這種測量方法經過研究證明是比較準確的，但會需要比較多技術及毛孩的高度配合。

　　另外一種測量儀器稱為震盪式（Oscillometric），這種方式是由機器自動加壓、減壓，並透過壓脈帶上的振動來偵測血流沖進血管的時間點，跟人類的測量方式是一樣的，而且可以同時測出收縮、舒張和平均壓的數值。然而這種方式最大的缺點，是被測量的肢體必須完全不動，一旦動了就容易造成機器誤判，清醒的狗貓要讓他們完全不動是比較困難的事情，所以通常這種類型的測量方式在麻醉動物會比較準確。不過近年來血壓計的技術也逐漸改進，有些高解析度的震盪式血壓計也能有不錯的準確度，只要毛孩和毛爸媽全力配合醫生，都能良好地幫他們追蹤血壓。

　　有些疾病是會有比較高風險併發高血壓的。不管在狗或貓，腎臟病都是容易引發高血壓的重要疾病，所以如果家中有腎病的毛孩，一定要記得請動物醫生幫他追蹤血壓。另外還有一些內分泌疾病包括糖尿病、腎上腺機能亢進等

等，都是比較常見會引發高血壓的疾病。也有研究指出肥胖也可能會些微增加高血壓的風險，所以毛爸媽務必要讓毛孩們保持苗條的身材。🐾

醫生說我家狗狗有心雜音？那是什麼？是什麼原因造成的？

動物醫生在身體檢查時會用聽診器去聽毛孩心臟和肺臟的聲音，狗貓正常每一次心跳會聽到兩下乾淨清脆的心音，我們稱為第一心音和第二心音。如果我們在聽診時不是聽到清楚分明的兩下心音，而是在這兩下之外還多了一些混濁的聲音，我們就稱之為「心雜音」。

心雜音通常是由於心臟內有異常的血流，導致血液的流動方向混亂而產生的。最常見的就是二尖瓣閉鎖不全造成的二尖瓣逆流，使得心臟在把血液推動到全身的過程中，有部分血液不是往前走，而是往回跑產生擾流，就形成了雜音。當然雜音還有其他可能的原因，例如：先天心臟結構的畸形，多了一條異常的血管，或是心肌上有不正常的缺損破孔導致血液走錯方向；抑或是血管、瓣膜的狹窄，都會產生擾流和雜音，有些貓貓甚至在沒有任何結構異常的情況下也可能會產生心雜音。

動物醫生除了聽雜音之外，還會仔細聽它發生的時間點，是連續還是間斷，以及聲音的頻率、音量的大小等等，藉此推測他是哪一種心臟問題，並且大略推估它的嚴重程度。🐾

醫生說我家狗狗的心雜音屬於第三級,那是代表什麼?

有的心雜音很輕微、很小聲,有的心雜音則大聲到甚至完全蓋過正常的心音。依照其聲音的大小,可以細分為六個等級。

雜音等級	定義
第一級	很小聲,必須在很安靜的環境下很仔細聽才聽得到。
第二級	小聲,但在安靜環境中聽診器一放到雜音位置就能聽到。
第三級	中等音量,在稍微吵雜的環境中也能清楚聽到。
第四級	中等音量,但音量大到在另一側的胸腔也能聽到雜音。
第五級	大聲,除了聽到雜音之外還能在胸壁上摸到雜音的振動。
第六級	很大聲,聽診器不用碰到皮膚,甚至不用戴聽診器都能聽到雜音。

在多數情況下,越大聲的雜音有可能代表著越大量的逆流,或越狹窄的瓣膜開口,但有時也有一些例外的情況,尤其在貓貓,有時心雜音很大聲可能只是單純因為他比較緊張,等他冷靜下來,心雜音又變小聲,甚至消失。所以心雜音的等級並不一定跟心臟病的嚴重程度完全成正比,也不能直接判斷是哪一種疾病。

如果動物醫生聽到心雜音,可能代表心臟內有異常的血流,但還沒辦法完全確定是什麼原因。建議要幫毛孩進一步做心臟超音波,檢查心臟的結構哪裡有異常,確認是哪種問題,評估他的嚴重程度後,才能選擇最適當的治療。🐾

醫生說我家狗狗的心臟病是屬於 B2 期，那是什麼意思？狗狗的心臟病到底分幾期呢？

目前對於狗狗心臟病的分級，最新、最完整的分級系統是依照 2019 年美國獸醫內科醫學會提出的專家共識來制定的，主要針對的是小型犬最常見的慢性退化性二尖瓣疾病，至於其他種類的心臟病則沒有這麼詳盡的分級系統。不過以台灣飼養寵物的習慣來說，還是以小型犬種居多，所以大約九成的狗狗心臟病都是屬於慢性退化性二尖瓣疾病，也因此這個分級系統是在心臟門診上是非常常用的。

狗狗的慢性退化性二尖瓣疾病會造成二尖瓣閉鎖不全，以及二尖瓣逆流，隨著病程的惡化可能會進展成心臟衰竭甚至死亡，這中間的疾病過程可以區分成 A、B、C、D 四個時期。🐾

退化性二尖瓣疾病分期		說明
A 期		狗狗的品種有高風險罹患慢性退化性二尖瓣心臟病，但目前沒有任何可被確認的心臟結構病變。所謂高風險的品種，最有名的就是查理士王子獵犬（Cavalier king charles spaniel），而以台灣流行的犬種而言，馬爾濟斯（Maltese）就是相當高風險的品種。即使還沒有任何的心臟病變出現，這些品種的狗狗仍然在一出生就會直接被列入 A 期。
B 期	B1 期	狗狗沒有症狀，且在心臟超音波和 X 光上都沒有看到心臟變大，或者只有相當輕微的心臟擴張。這個時期演變成心臟衰竭的風險比較低。
	B2 期	狗狗沒有症狀，但有比較嚴重的二尖瓣逆流，而且在 X 光和心臟超音波上發現左心房及左心室明顯擴張，達到需要治療的標準。這個時期演變成心臟衰竭的風險就比較高了。
C 期		狗狗現在或以前曾經有過二尖瓣疾病造成的心臟衰竭症狀。這個時期如果發生急性的心臟衰竭，病患會突然很喘且呼吸困難，如果沒有立刻急診治療有可能會立即死亡。
D 期		末期的二尖瓣心臟病，使用標準的藥物治療已經無法有效控制心衰竭的症狀，病患有非常高的死亡風險。

不管任何疾病都是早期發現就能早期治療，上述的分級系統就是希望提醒毛爸媽平時養成定期讓家中寶貝做健康檢查的習慣，尤其如果家中寶貝是直接被列入 A 期的品種，更要請家庭醫生多多幫忙注意。前述的心臟病分級系統必須仰賴完整準確的 X 光和心臟超音波檢查結果來診斷，所以毛爸媽千萬不要偷懶，一旦動物醫生發現狗狗有心雜音，建議做進一步檢查時，一定要遵照醫生的指示儘早安排檢查，並且定期追蹤。

目前在無症狀的 B2 期已經有心臟藥物被證實能夠延緩心衰竭的發生，只要早期發現，我們就還有時間避免死神的到來。很多心臟藥物一旦開始就要終生服用，千萬不能擅自停藥。開始治療後定期的追蹤檢查、調整藥物劑量也非常重要，毛爸媽一定要全力配合心臟專科醫生的治療計畫，才能幫助家中寶貝成功對抗病魔。

CARDIOVASCULAR
心臟
103

我家老狗這 2 天好像突然很喘，呼吸都很用力，好像呼吸很困難的樣子，這是怎麼回事？

造成狗貓喘、呼吸困難的疾病最常見的是心臟和呼吸道方面的疾病。狗狗尤其是小型犬種，包括查理士王子獵犬、馬爾濟斯、博美、吉娃娃、約克夏等，超過 6 ～ 8 歲以上就開始進入中老年，心臟的瓣膜尤其是二尖瓣常常會開始退化、增厚、脫垂，稱為黏液瘤樣二尖瓣疾病（Myxomatous mitral valve disease, MMVD），或稱為慢性退化性瓣膜疾病（Chronic degenerative valve disease, CDVD）。

正常心臟的血液會由左心房進到左心室，再打到主動脈送到全身，而二尖瓣是位於左心房與左心室之間的瓣膜，它的功用就是在瓣膜關閉時讓血液不會往回逆流回左心房，確保所有血液都正確地向前送到全身去。而當二尖瓣退化之後，瓣膜會變得不規則增厚、甚至脫垂，就無法良好地對合關閉起來，而會產生一些縫隙、漏洞，讓血液從縫隙往回逆流，這種狀況就稱為二尖瓣閉鎖不全（Mitral insufficiency）或二尖瓣逆流（Mitral regurgitation）。

這種逆流如果只有少量，身體還是可以靠著代償來維持住心臟正常的功能，但如果逆流量很大時，大量的血液就會蓄積在左心房，造成左心房擴張、左心房壓力升高，肺部的血液無法順利回流到心臟，水分就會蓄積在肺部，造成肺積水，又稱肺水腫（Pulmonary edema）。這種心臟無法順利工作的狀況，就稱為心衰竭（Heart failure），由於是左側心臟的問題，我們會進一步稱之為左心衰竭。

肺水腫時的狗狗就好像溺水一樣，一大堆水在肺臟裡面占據了呼吸的空間，使他們呼吸非常困難。我們平常光是游泳嗆到一口水就已經覺得很可怕了，何況是肺臟內積滿了水，那是隨時會死亡的狀況，一定要趕快去急診就醫治療。其實除了最常見的二尖瓣疾病之外，也還有很多各式各樣的心臟病都有可能造成左心衰竭和肺水腫，都是呼吸困難很重要的原因之一。

不論是狗還是貓，只要有喘、呼吸用力、呼吸困難的情況，都是有立即生命危險的，一定要趕快找 24 小時醫院急診就醫，千萬不能拖延！不管是哪一種病因，動物醫生都會儘快提供氧氣治療，改善他們缺氧的情況。如果是心臟病肺水腫的問題，動物醫生會幫他們注射利尿劑，幫助他們把蓄積在肺臟的水分排掉，同時也會給予強心劑來改善心臟功能。

其實心臟病要發展到心衰竭通常都已經是經年累月的慢性問題，所以平常最好就要定期健康檢查，至少每年在打疫苗時請醫生聽診心音和肺音，如果在還沒有症狀時早期發現潛在的心臟病，就能進一步做檢查並且及早服藥控制，就能後延緩心衰竭的發生。而已經發生過心衰竭的毛孩，也要遵照動物醫生的指示每天按時服藥，才能有效控制他們的情況。🐾

醫生說我家狗狗有心臟病，要監測呼吸有沒有變喘，我在家要怎麼知道他有沒有變喘呢？

　　毛孩到底怎樣才算喘？或者，要怎樣能及早發現毛孩變得比較喘呢？其實毛爸媽可以每天在家監測並記錄毛孩睡覺時的呼吸次數，只要在他們睡著之後，盯著他們的胸腔看，會看到胸壁隨著呼吸慢慢的上下起伏，每一次的上和下加起來就算是一次呼吸，正常狗狗在睡著的狀態呼吸 1 分鐘不應該超過 30 下，貓貓 1 分鐘不應該超過 40 下，藉由這樣的觀察方式就能夠及早發現他們呼吸有異常，這個方法也是經過研究證實能夠有效監控心臟病有無惡化的良好指標，非常推薦毛爸媽在家練習。

　　另外，有些毛爸媽覺得看著手錶數呼吸有點手忙腳亂，也有些用功的毛爸媽希望能夠把毛小孩每天的呼吸次數都詳細記錄起來，其實這些都可以透過手機 APP（Cardalis）幫忙做到。

　　Cardalis 這個 APP 是專為心臟病狗狗設計的免費居家記錄軟體，介面非常簡單，可以利用它內建的計時器來計算狗狗的呼吸次數，點按開始之後，手機會自動計時 30 秒，毛爸媽在數呼吸的時候只要每呼吸一次就按一下螢幕即可，時間一到 APP 就會自動計算出每分鐘呼吸次數，並且記錄在 APP 內。

　　APP 會自動把每天的呼吸次數繪製成折線圖，並且可以設定主治醫生的 E-mail，只要一個按鍵就能將過去的記錄圖 E-mail 給主治醫生，非常方便。此外，這個 APP 還能設定監測和餵藥提醒，可以提醒毛爸媽什麼時間該餵毛孩吃藥，什麼時間該幫毛孩數呼吸，實在是心臟病毛孩非常貼心的小幫手。如果家中有心臟病的毛孩，不妨下載來試試看。🐾

Cardalis（Android APP）

Cardalis （iOS APP）

我家狗狗明明是男生，最近肚子卻越來越大，好像懷孕似的，怎麼會這樣？

　　狗狗的肚子變大，毛爸媽第一個想到的一定是，是不是懷孕了？是不是變胖了？如果是沒有絕育的母狗的確有可能是懷孕，但如果已經結紮的母狗，又或者是公狗的肚子變大，又是怎麼回事呢？肥胖當然是很常見的一個可能性，不過有時候我們可能會發現他們的肚子很不成比例的脹大，例如：手腳很瘦但肚子卻很大，甚至有些狗狗肋骨看起來很明顯像皮包骨一樣，肚子卻圓滾滾的很不協調，這種狀況可能就不是單純肥胖這麼簡單了。

　　腹腔內如果累積大量液體就會造成腹部脹大，這些液體有可能是出血、膿液、尿液、漏出液或者滲出液，但最常見的情況就是腹水蓄積，而且其中很大部分是因為心臟衰竭造成。心臟可以分為左心和右心，心臟病造成的腹水通常都是右心衰竭的問題。右心衰竭通常會造成右心房擴張、壓力升高，使得大靜脈回流受阻。全身的血液本來應該經由大靜脈回到心臟重新循環，在回流受阻的情況下這些多餘的水分就會蓄積在腹腔造成腹部脹大。另一種可能會造成大量腹水的情況就是低白蛋白血症，由於血中白蛋白不足，滲透壓不足，而使得大量的水分滲透到血管外。另外，腹膜炎也有可能會造成腹水，一些比較嚴重的內臟發炎，例如：胰臟炎，或者長胃穿孔造成細菌感染，都有可能會進一步惡化成腹膜炎，造成腹水。

　　腹水可以暫時透過用針穿刺抽吸的方式來把蓄積的液體移除，緩解肚子脹大的不適，但這只是治標不治本的方法，動物醫生還是會追根究柢檢查造成腹水的原因，否則很快又會復發。很多有腹水的狗狗都是心臟衰竭造成的，動物醫生除了腹部超音波之外，可能也會安排做胸腔 X 光和心臟超音波，詳細評估心臟的功能，給予適當的藥物治療。如果確定是右心衰竭的問題，心臟藥物通常需要長期服用，而且一定要定期回診，調整適當的劑量。而低白蛋白血症則會需要驗血來確認血中白蛋白濃度，如果血中白蛋白真的不足，除了補充白蛋

白之外，還會需要進一步檢查造成白蛋白過低的原因。

　　貓貓的心臟衰竭也有可能造成腹水，但是他們還有另外一個常見的原因就是傳染性腹膜炎（FIP），有可能會造成大量的胸水和腹水。傳染病腹膜炎的診斷會比較複雜，除了一般驗血之外，還會需要將腹水或血液樣本送去實驗室做核酸序列診斷。以前 FIP 幾乎是完全沒有藥物可以治療的絕症，但近幾年已經有新的藥物被發現可以大幅改善症狀，雖然這種藥物還沒有被正式核可，但毛爸媽還是可以跟動物醫生討論看看進一步的治療計畫。🐾

---

* CARDIOVASCULAR *
心臟
106

我家狗狗最近會突然暈倒，尤其太興奮就會暈過去，這是怎麼回事？

　　暈厥（Syncope）主要是由於腦部突然失去血液供應，缺血、缺氧而無法維持身體正常運作，進而造成短時間的意識喪失，也可能同時會有大小便失禁的情況。暈倒的毛孩通常會四肢癱軟側躺在地上一動也不動，但也有少數毛孩可能會想用僅剩的力氣掙扎起身，使他們看起來像在對著空氣划水，或者像喝醉酒似的。倒下的狀態通常持續大約幾秒鐘或幾分鐘，毛孩就會自己甦醒，且甦醒後通常沒什麼後遺症，可以馬上又變回精神奕奕的狀態繼續玩耍。

　　最常見會造成暈厥的就是嚴重的心臟病，例如：嚴重的退化性瓣膜疾病、心肌病、肺動脈高血壓等等，這些心臟病到後期心臟衰竭的時候，就有可能難以維持身體的血液循環，當毛孩興奮或運動時，身體各個器官因為對於血液供應的需求瞬間大增，導致一下子超過心臟的負荷，使得腦部得到的血液不足而暈倒。而在暈倒之後，因為身體不再需要運動，對於血液供應的需求減少，同時腦部和心臟降到同一個水平面，就能讓心臟輕鬆供應血液，所以通常毛孩很快就能甦醒。

除了心臟結構的問題之外，心律不整也是很常見造成暈厥的原因。毛孩在正常的情況下，每分鐘心率應該維持在一定的範圍內，太快或太慢都不行。當毛孩因為心律不整而出現心跳嚴重過慢的時候，可能會有比較長的時間間隔都沒有血液供應，如果不足以負荷毛孩當下的活動需求就會造成暈厥。而當心跳過快時，心臟可能還來不及充滿血液就將血推出，變成每次心跳只有很少量的血液被心臟打出來，這樣的情況也會造成血液供應不足。而雪納瑞、可卡犬、巴哥、臘腸、拳師犬和德國狼犬都是比較容易出現嚴重心律不整的犬種，一定要多多留意。

那麼是不是暈倒就代表一定有心臟病呢？其實也不一定。有些毛孩的心臟功能完全正常，但在過度緊張、興奮或害怕的狀態下，也有可能會引起自律神經的過度反應，造成突然的暈厥，黃金獵犬和拳師犬算是比較常見會出現這種暈厥的品種。還有一些毛孩是在做某些特定的事情時就會暈倒，常見的例如：大力咳嗽、排便或排尿時暈倒，因為這些動作都有可能造成突然的胸腔壓力升高，進而壓迫到血管而影響血液循環，所以氣管塌陷、便祕，或尿路阻塞的毛孩都要特別小心有可能會有暈厥的問題。扁臉的狗狗如果短吻犬症候群很嚴重而影響呼吸的話，也容易會由於缺氧或影響到血液循環而造成暈倒。🐾

毛孩暈倒了怎麼辦？該做哪些檢查？

心臟 107　CARDIOVASCULAR

暈厥和癲癇的症狀非常相似，有些毛爸媽以為毛孩暈倒了，實際上可能其實是癲癇的症狀。由於這兩種問題的治療方向完全不同，所以動物醫生首先會詳細地詢問整個暈倒過程前後的種種細節，才能確實了解毛孩的問題所在。毛爸媽可以試著用手機錄下毛孩暈倒前後的過程，讓動物醫生看看發生問題的前後有沒有什麼引發的事件或後遺症，可幫助醫生做出更準確的判斷。

前面已經提過，毛孩暈倒有很大一部分的原因都來自心臟疾病，所以動物醫生通常都會建議要針對心臟做一系列完整的檢查，例如：拍 X 光來評估心肺系統的狀況，再加上心臟超音波來詳細評估心臟的功能。由於心律不整也是造成暈倒很常見的原因，所以心電圖也是很重要的一項檢查，但要注意的是，一般在醫院檢查心電圖只能看到幾分鐘的心跳狀況，但有些毛孩並不是一整天都有心律不整的情況，可能只有在晚上睡覺或興奮運動時才偶爾發生心律不整，但在醫院檢查的時候就完全正常，此時動物醫生並不能直接判定他沒有心律不整的問題，可能需要進一步做 24 小時或 36 小時的連續心電圖記錄才有辦法偵測到偶發的心律不整，這類進階的檢查就需要毛爸媽更多的配合才能完成。

　　如果發現有心臟疾病，動物醫生會給一些心臟相關的藥物或抗心律不整藥來治療，如果是藥物無法控制的心律不整，甚至有可能會需要手術植入心臟起搏器來維持正常的心跳。而如果發現不是心臟問題所造成的暈厥，而是有長期咳嗽問題的毛孩，動物醫生就會治療造成咳嗽的呼吸道疾病，並給予一些止咳藥物，便祕的毛孩則可能會建議灌腸或軟便劑，排尿困難的毛孩也可能會需要手術或尿道鬆弛劑來治療。

　　毛爸媽可能也會想知道，毛孩暈倒的當下要怎麼急救呢？其實如果不是頻繁的暈厥，大部分毛孩通常在暈倒後幾秒鐘內就會自己甦醒，所以未必需要急救。但是，如果毛孩本來就有長期嚴重的心臟疾病，的確有可能在突然暈倒之後死亡，所以家中有心臟病毛孩的爸媽其實平常就可以先學習如何幫毛孩做 CPR，以備不時之需。

　　有關寵物 CPR 的詳細步驟可以參考以下影片。🐾

毛孩小知識

寵物 CPR 教學
（感謝心傳動
物醫院提供）

要怎麼區分毛孩是暈倒還是癲癇發作呢？

暈厥和癲癇的症狀非常相似，動物醫生通常會以下表所列的幾個大方向區分。🐾

區分項目	癲癇發作	暈厥
平時走路方式	正常。	正常。
誘發事件	少見明顯誘發事件。	運動、疼痛、壓力、咳嗽。
發作前症狀	意識可能改變，焦躁、反應遲鈍等等。	意識正常，可能搖晃、尖叫。
抽搐	明顯、強烈。	沒有，或可能輕微擺動四肢想掙扎起身。
大小便失禁	常見有。	有些可能有。
意識狀態	多數失去意識。	失去意識。
發作後症狀	有、時間長、可能有神經後遺症。	沒有，或非常短。
持續時間	較長，可能數秒到數分鐘。	通常短短幾秒鐘。

最近發現我家老貓的舌頭好蒼白，這是正常的嗎？

　　貓貓的舌頭蒼白，最常見是貧血造成，而且不只是舌頭，本來貓貓可愛的粉紅肉墊也會明顯發白。為什麼會貧血呢？最常見的原因就是慢性腎衰竭。很多老貓都有慢性腎衰竭，很容易併發慢性貧血。而為什麼腎病跟貧血有關呢？

　　因為腎臟會分泌一種荷爾蒙，稱為「紅血球生成素」，這種激素會刺激身體的造血細胞產生紅血球，以維持血液中正常的紅血球數量。如果長期缺乏這種激素，就會導致紅血球的生成不足，造成慢性貧血。類似的情況狗狗也會發生，如果家中毛孩年事已高，一定要多注意有無貧血的症狀。

　　除了腎病之外，血液寄生蟲的感染也會造成貧血，尤其在狗狗特別常見。以狗來說，壁蝨傳染的焦蟲症（Babesiosis）就常常會造成狗狗急性貧血，焦蟲是一種血液寄生蟲，他會寄生在紅血球裡面，造成紅血球大量被破壞、溶解，進而演變成嚴重的貧血。

　　如果平時沒有好好預防外寄生蟲，狗狗可能會在草叢玩耍時被壁蝨叮咬，過沒幾天就會突然精神、食慾變差，舌頭、牙齦、口腔黏膜都變得明顯蒼白。

　　此外，自體免疫系統的混亂也可能造成貧血。毛孩的身體有時候會因為某些病原感染，或其他疾病的誘發，甚至可能是不明原因而造成免疫系統混亂，免疫細胞錯誤地把自己身體的正常紅血球當作敵人攻擊，造成紅血球大量被破壞，而導致嚴重貧血，這種狀況就稱為「免疫性溶血性貧血（Immune-mediated hemolytic anemia, IMHA）」。免疫性貧血有時因為沒有明確的原因，比較難以診斷，需要更多的檢查輔助才能有效確診。

　　除了貧血外，舌頭蒼白還有少數時候可能是血液循環狀況不好，例如：低血壓、失血過多的情況，導致供應到舌頭的血流不足，所以看起來蒼白。不過如果是這種狀況，通常身體都會明顯虛弱無力，或是有其他重大疾病、創傷，例如：車禍、墜樓等等，應該在舌頭蒼白前就會先發現有其他大問題了。🐾

毛孩貧血該怎麼治療呢？

　　如果發現舌頭蒼白一定要記得帶毛孩去看醫生，檢查到底是什麼原因造成的。如果是嚴重貧血或大量失血，可能會需要輸血治療。狗貓的血型跟人類不一樣，有時就算血型相同，身體還是有可能會攻擊外來的紅血球，所以需要一系列複雜的配對流程，來確保捐血者和受血者的血液能夠和平共存。動物也不像人類在各地都有充足的血庫，雖然有些醫院可能會有備用的血包，但如果沒有的時候就要臨時尋找適合捐血的狗貓，非常辛苦。

　　除了輸血之外，針對貧血的原因，不同病因造成的貧血也各有不同的治療方法。如果是慢性腎衰竭造成的慢性貧血，由於是缺乏紅血球生成素所造成，可以用針劑注射來幫身體補充紅血球生成素，動物醫生通常也會輔助給予鐵質、B12 等等造血原料，幫助新的紅血球更快生成。

　　如果是焦蟲感染造成的貧血，動物醫生會給一些強效的殺蟲藥，而殺滅焦蟲後貧血就能改善。不過，焦蟲的治療依照藥物的種類和狗狗體型的大小，有時可以非常昂貴，焦蟲也不見得可以完全被清除乾淨，所以療程有可能拖得很長。有時雖然貧血改善了，但其實還殘餘一些狡猾的焦蟲潛伏到身體的角落，伺機而動，等身體免疫力比較差的時候又再出來肆虐，造成貧血不斷復發。所以最好的方法是預防勝於治療，平常就做好外寄生蟲的預防，避免壁蝨感染，才不會得不償失。

　　如果是免疫性溶血性貧血，醫生可能會用顯微鏡檢查紅血球的狀況，或將血液樣本送到實驗室確認，一旦確定診斷，就可能要長期服用類固醇或其他免疫抑制劑。這些藥物可能都會有些許副作用，在免疫系統被抑制的狀態下，身體也可能比較容易被其他病原感染，也是屬於需要毛爸媽努力配合、長期抗戰的疾病。🐾

我看網路上有人徵求 A 型捐血貓，貓貓的血也有分血型嗎？

　　不同的人有不同的血型，那麼毛孩是否也有血型之分呢？答案是有的。但貓貓的血型比人類來得簡單，只分成 A 型、B 型和 AB 型。且由於細胞內的染色體都是成對的，決定貓貓血型的基因也是成對的。

　　如果貓貓從毛爸媽身上各拿到一個 B 型基因，組合起來就會變成 B 型血的貓貓，如果貓貓的毛爸媽一個是 A 型、另一個是 B 型的話，組合起來就可能變成 AB 型了。不過，由於 A 型的基因比 B 型基因來得顯性，當他們組合在一起的時候，常常只有 A 型基因被表現出來，所以絕大多數的貓貓都是 A 型貓，以美國為例，大約 94% ～ 99% 的短毛或長毛家貓都是 A 型貓，相對來說 B 型就比較少見，而 AB 型則可以算是罕見了。

　　B 型貓的血液中會帶有大量針對 A 型血液的抗體，所以 A 型貓是不能捐血給 B 型貓的，如果把他們的血液輸給 B 型貓的話，紅血球就會很快遭到破壞而溶解掉。相反的，A 型貓的血液中針對 B 型血液的抗體就比較少但還是有可能在輸血後造成溶血，因此如果貓貓要捐血和輸血，還是要先確定血型相同才可以。至於 AB 型的貓貓，則可以接受各種血型的血液，但還是比較建議輸 A 型血，以免接受太多 B 型血液中的抗體。🐾

那狗狗的血也是分 A 型和 B 型嗎？

　　狗狗的血型跟貓貓比起來就複雜許多了，相對比較常見的是 DEA 1.1、1.2、1.3，以及 DEA 3、4、5、7，這 7 種血型。這些數字代表的是狗狗紅血球

表面抗原的名稱，跟貓貓不同的是，狗狗的血液在分類時，是去標示他們的紅血球是否帶有這些編號的抗原，而不是直接說他是哪種血型。所以我們可能會說這隻狗狗是 DEA1.1 陽性或陰性，而非說他是 DEA1.1 型。

另一點與貓貓不同的是，狗狗的血液不像貓貓會自然帶有對抗其他血型的抗體，所以很多狗狗在第一次輸血的時候，即使輸入的血液不同也不太會造成問題。不過 DEA1.1 陽性的血液因為帶有大量抗原，輸血後會刺激受血者的身體產生對抗它們的抗體，所以如果第二次輸血又使用 DEA1.1 陽性血液的話，就會造成大量溶血了。

血型系統聽起來好像很複雜，對毛爸媽來說應該一頭霧水，其實我們只要在有需要時幫毛孩檢驗好血型，後續捐血和輸血要注意的事項就交給專業的動物醫生就可以了。毛爸媽可以在幫毛孩抽血健康檢查時，順便請動物醫生幫他們檢驗血型，只要使用簡單的血型試紙，當天就能知道毛孩的血型，對於將來有需要輸血或捐血的時候，都會很有幫助。🐾

HEMATOLOGIC

血液

113 醫生說我家毛孩生病要輸血，必須先做血液配對，那是什麼？

毛孩如果因為受傷而大量出血，或是因為感染血液寄生蟲、自體免疫、腎臟、腫瘤問題造成嚴重貧血時，有時可能會需要緊急輸血。狗狗和貓貓而言，最常輸的是全血或紅血球濃厚液，全血通常是請毛爸媽尋找適合捐血的狗狗和貓貓，帶到動物醫院現場捐血，並立刻輸給生病的毛孩。

而紅血球濃厚液則是將紅血球預先分離出來保存的血包，可以直接向製作的廠商購買來使用。如果是貧血的毛孩，因為缺乏的是紅血球，不管是給予全血或紅血球濃厚液都能立刻提升紅血球的濃度。但在某些其他疾病，例如：凝血異常的動物，可能會需要同時補充血漿內的抗凝因子，這時候就不適合使用紅血球濃厚液了。

輸血治療是將其他動物的血液打進生病的毛孩體內，希望能藉此補充不足的血液。然而，毛孩的身體有可能會以為這些外來的血液是入侵的敵人，身體就會產生防禦機制來對抗並破壞這些外來的血液，這就是我們常聽到的排斥現象。如果輸入的血液都被破壞殆盡，不僅會前功盡棄，也會造成病患更大的負擔，嚴重的甚至可能造成死亡，因此動物醫生在進行輸血前，都會做一系列詳細的檢查，來避免排斥反應。

　　除了前面提過的，不同血型的血液可能會有排斥反應之外，即便是血型相同的毛孩，他們的血液也不見得完全匹配，因為可能還有更多沒有被驗到的抗原和抗體存在，如果沒有注意，可能還是會產生輕微的排斥反應，即使輸入的紅血球沒有立刻遭到破壞，也可能會縮短壽命而在幾天後凋零，如此一來貧血的問題就回到原點了。

　　為了避免這種狀況，動物醫生都會在輸血前進行一次詳細的血液配對，方法是將捐血者和受血者的血液離心，把紅血球和血漿分離開來，用生理食鹽水將紅血球清洗乾淨，再將捐血者的血球、血漿和受血者的血球、血漿分別交叉混合，經過一段時間之後，用顯微鏡觀察這些紅血球有沒有凝集、有沒有引發免疫反應等等。

　　如果一混合就發現紅血球大量凝集的話，表示這些紅血球在出血之後就會很快被破壞掉，這種情況下就不適合使用這個捐血者的血液了。檢驗血型雖然可以增加配對的成功機率，但最終還是會需要詳細的配對來確保輸血治療能成功，再加上太瘦、太老及不健康的動物都不適合作為捐血者，所以尋找適合的血液常常是一件非常勞心勞力的事。

　　好在現在有很多熱心的毛爸媽在社群網路上提供捐血資訊，有些地區也有動物的血庫可以提供一些庫存的血液。身為動物醫生的我真的非常感謝這些熱心捐血的狗狗、貓貓，可以幫我們從死神手上搶回很多寶貴的生命。🐾

我家毛孩也想去捐血幫助其他動物，需要符合什麼條件嗎？

如果毛孩因為需要輸血治療而要找捐血的狗狗或貓貓時，動物醫生都會建議一些適合作為捐血者的條件，通常包括以下內容。

動物類別	捐血條件
狗狗	＊ 捐血者跟病患的血型相符。 ＊ 健康且有接受完整疫苗、心絲蟲預防和外寄生蟲預防，以免身上的病原藉由輸血傳染給受血的毛孩。 ＊ 最好是體重 25kg 以上的大型犬，才不會在捐血之後反而造成自己的血液不足。 ＊ 必須沒有心血管疾病、沒有心雜音，以免捐血影響身體的血液循環。 ＊ 最好是年輕狗狗，年齡最好是在 1 ～ 6 歲之間的青壯年。 ＊ 最好是沒有接受過輸血治療的狗狗。 ＊ 最好是沒有懷孕過的狗狗。
貓貓	＊ 捐血者跟病患的血型相符。 ＊ 健康且有接受完整疫苗、驅蟲和外寄生蟲預防，最好是不出門的室內貓，以免身上的病原藉由輸血傳染給受血的毛孩。 ＊ 基本血液檢查結果正常、貓白血病和貓愛滋病抗體陰性。 ＊ 最好是體重 4.5kg 以上的大貓貓，才不會在捐血之後反而造成自己的血液不足。 ＊ 最好是年輕貓貓，年齡最好是在 1 ～ 8 歲之間的青壯年。 ＊ 最好是沒有接受過輸血治療的貓貓。 ＊ 最好是性格比較溫馴、冷靜的貓貓。

一旦配對成功找到適合的捐血者，動物醫生也會幫捐血毛孩檢驗紅血球濃度，以及其他基本的指數，除了可以計算預期的輸血治療效果之外，也能避免造成捐血毛孩的身體太多負擔。如果家中毛孩不幸需要輸血，一定要好好配合醫生的指示，也不要忘了買些罐罐或玩具獎勵這些熱血的捐血英雄。🐾

我發現我家狗狗的眼白和牙齦都變得黃黃橘橘的，怎麼會這樣？

狗狗的眼白和牙齦變黃橘色，最有可能的原因就是黃疸，不只眼白和牙齦，其實全身的皮膚和肉墊都會發黃，甚至是尿液都會變成深橘黃色。說到黃疸，大家第一個印象一定是肝不好才會造成黃疸，但其實黃疸的成因還有很多。所謂黃疸，其實是血液中過多的膽紅素（Bilirubin）堆積所導致，那麼這些膽紅素是哪裡來的呢？

原來正常紅血球在新陳代謝的過程中，紅血球裡面的血紅素會被酵素代謝成未結合態的膽紅素，隨後送到肝臟去代謝成結合型的膽紅素，再經由膽汁送到腸道，形成糞便的顏色。這中間的任何一個步驟出了問題，都有可能造成膽紅素的堆積。依照膽紅素堆積的源頭，我們可以把黃疸區分成肝前性（Pre-hepatic）、肝因性（Hepatic）和肝後性（Post-hepatic），如下表。

肝前性黃疸	肝因性黃疸	肝後性黃疸
溶血（例如：自體免疫疾病、血液寄生蟲、中毒等等）。	肝臟疾病（例如：肝衰竭、中毒、感染、脂肪乾等等）。	膽管阻塞、膽汁鬱積。

所謂肝前性的黃疸，指的就是膽紅素在還沒進到肝臟之前就發生了堆積，原因就是未結合態的膽紅素過多，超過肝臟能夠處理的量。由於未結合態膽紅素是由血紅素代謝而來，所以這種黃疸大多都是紅血球被大量破壞、溶血所造成的。

前面提過的血液寄生蟲感染，例如：狗的焦蟲症、貓的血巴東蟲症，以及自體免疫攻擊造成的溶血性貧血，都會造成血紅素大量釋放，代謝後累積形成黃疸，在這種情況下，動物的肝臟功能其實是沒有問題的。

另一種大家比較不熟悉的是肝後性黃疸，就是膽紅素已經在肝臟被順利代謝，卻無法順利地進入腸道排泄出去，這種狀況通常就是膽管阻塞造成膽汁鬱積，使得代謝完成的膽紅素無法離開肝臟而堆積形成黃疸。造成膽管阻塞的原因有可能是膽管結石、膽囊黏液囊腫（Gallbladder mucocele），或者腫瘤的壓迫、阻塞。

除此之外，有些嚴重的發炎性疾病，例如：胰臟炎、膽管炎和十二指腸發炎等，都有可能因為水腫造成膽管的出口阻塞，而導致暫時性的黃疸。肝後性的黃疸除了全身發黃之外，有時可能還會發現毛孩的大便竟然變成白色或灰色的，因為糞便的顏色是由膽紅素形成，如果膽紅素無法順利進入腸道，就會造成糞便褪色，形成這種奇特的現象。

最後當然不能不提到肝臟功能異常造成的黃疸，又稱為肝因性黃疸。肝臟的再生能力很強，通常如果只有局部的功能受損，是不至於產生黃疸的，所以如果肝臟功能差到會產生黃疸的話，通常都是比較嚴重的肝炎、肝硬化，甚至是腫瘤的疾病，也就是俗稱的肝癌。

以年輕狗狗來說，如果突然急性黃疸，一定要小心是不是誤食化學藥劑中毒，或是不慎被鉤端螺旋體感染。鉤端螺旋體除了會攻擊肝臟造成黃疸之外，也常常造成急性腎衰竭，最可怕的是，這是一種人畜共通傳染病，所以照顧狗狗的主人和醫護人員也有可能不小心被感染，一定要非常小心。🐾

黃疸要怎麼治療，需要開刀嗎？

　　黃疸會影響毛孩的精神、食慾，而且通常都是重大疾病造成，一定要趕快帶毛孩看醫生，千萬不能拖延。如果是溶血造成的黃疸，依照不同的病因，可能需要治療血液寄生蟲的感染，或使用免疫抑制劑調節身體的免疫系統，這部分在前面已經提過。

　　比起狗狗，黃疸更常發生在貓貓，因為貓貓有一種特有的肝臟疾病，稱為貓咪脂肪肝（Feline hepatic lipidosis）。脂肪肝聽起來好像耳熟能詳，但其實這種脂肪肝和人類的不太一樣，它是一種肝臟的脂肪代謝障礙，在胖貓尤其容易發生。當貓貓長期飢餓，通常是連續不吃飯 1 ～ 2 週後，身體內儲存的糖分已耗盡，只好開始分解脂肪產生能量。身體的脂質會從脂肪組織大量地運送到肝臟去代謝，一下子超過了肝臟的負荷，就會造成黃疸。脂肪肝造成的黃疸最主要的治療方式就是儘快提供身體充足的養分，所以動物醫生通常都會建議幫貓貓裝上餵食管，讓食物能夠順利地進到貓貓身體裡面。

　　如果是膽管阻塞造成的黃疸，可能需要切除腫瘤或移除結石，甚至是做造口手術來疏通淤積的膽汁，不過如果只是發炎造成的暫時性阻塞，就可以透過一些消炎藥物的治療來得到緩解，相對來說比較沒有那麼嚴重。

　　如果是嚴重肝功能異常造成的黃疸，可能還會併發腹水、全身水腫或凝血功能障礙，死亡率會高很多。以鉤端螺旋體感染的狗狗來說，如果造成嚴重的肝腎衰竭，可能在 2、3 天內就會死亡，即便是緊急住院治療，死亡率都還是很高，非常可怕。所以每年的疫苗注射千萬不能省，也要盡量避免帶狗狗到山間溪流玩水，以免接觸到野生老鼠的尿液而被傳染。

　　如果是老年動物的肝癌或肝硬化造成的黃疸，由於動物目前還沒有肝臟移植的技術及配套措施，通常只能嘗試化療或安寧治療，結果往往就不甚理想了。🐾

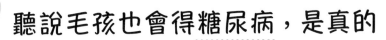

聽說毛孩也會得糖尿病，是真的嗎？

不論狗貓，糖尿病都是很常見的內分泌疾病，對動物醫生來說也是一種相當棘手的內科疾病。糖尿病顧名思義，就是尿液中含有糖分，而正常的尿液是不應該有糖分出現的。

為什麼糖分會跑到尿中呢？最常見的原因就是身體的血糖過高，導致腎臟在過濾產生尿液時超出負荷，而無法將所有糖分回收。那麼血糖為什麼會過高呢？身體的血糖是由升糖素和胰島素這兩個重要的激素來調控的，胰島素主要負責降低血糖，把多餘的糖分轉化成脂肪等物質儲存起來，如果胰島素的分泌不足，或是有足夠的胰島素卻無法正常發揮功能時，就會造成血糖持續過高。

以狗來說，比較常見的原因是胰臟發炎或自體免疫混亂，導致分泌胰島素的細胞遭到破壞；而以貓貓來說，則通常是由於身體細胞對胰島素產生了抗性，或是慢性胰臟炎所造成。

我們可能常常聽到，肥胖人會比較容易得到糖尿病，同樣地，肥胖的狗貓也是罹患糖尿病的高風險族群。其他疾病，例如：肢端肥大症、腎臟病、腎上腺亢進症和甲狀腺低下等等，都有可能會併發糖尿病。糖尿病最明顯的症狀就是會吃多、喝多、尿多，毛孩明明食慾很旺盛卻一直變瘦，如果已經出現這些警訊，卻沒有積極治療的話，就有可能造成嚴重脫水，最終可能會引發酮酸血症（Ketoacidosis）。

糖尿病的酮酸血症主要是因為血糖無法經由胰島素有效轉化成能量，使得身體開始大量分解脂肪作為能量來源。然而，快速分解脂肪會產生大量的酮體，這些酮體帶有酸性，會造成身體內的酸鹼值不平衡，甚至可能死亡。🐾

如果毛孩不幸得了糖尿病，要怎麼診斷和治療呢？

　　糖尿病的診斷並不困難，如果有相關的臨床症狀，再加上持續的高血糖及糖尿，動物醫生就會高度懷疑毛孩罹患了糖尿病。如果是已經併發酮酸血症、病情嚴重的毛孩，可能會需要住院治療，嚴密的追蹤並調整血中的酸鹼值及血糖濃度。而症狀輕微的毛孩，動物醫生可能就會建議毛爸媽在家每天幫他們施打胰島素，並且定期回診追蹤血糖曲線。

　　什麼是血糖曲線呢？毛孩在施打胰島素之後血糖就會開始下降，然而，不同毛孩需要的胰島素劑量不同，我們並沒有辦法在第一次施打就預測到毛孩適合多少劑量，所以我們必須要追蹤毛孩施打完之後的血糖變化，如果打完後12小時內發現血糖並沒有明顯下降，有可能會需要調高劑量。

　　而如果打完之後血糖掉得太快，甚至出現低血糖症狀，例如：昏倒、虛弱、癲癇等等情況，就有可能需要把胰島素劑量調降。所以糖尿病的毛孩在開始治療的初期，往往需要比較密集的追蹤血糖曲線，才能找到比較穩定的劑量。

　　在過去，除非毛爸媽有能力在家幫毛孩驗血糖，否則追蹤血糖曲線通常會需要留院12小時做檢驗，不只舟車勞頓很辛苦，毛孩在醫院也會比較緊張，甚至可能影響血糖數據。不過，近幾年開始有些廠商推出皮膚植入式的血糖檢測器，只要把偵測器黏在皮膚上，再用手機掃描，就能夠輕鬆得到血糖數值，讓毛爸媽可以很方便地在家中追蹤毛孩血糖，不需要常常跑醫院。如果家中有糖尿病患需要照顧的毛爸媽，也可以向主治醫生詢問看看家中毛孩適不適合這種產品。

　　除了每天定時施打胰島素之外，控制糖分的攝取對於糖尿病治療也是非常重要的一環，動物醫生通常都會建議毛孩改吃低澱粉的糖尿病處方飼料，每餐定時、定量，並戒掉所有其他的零食，以免造成血糖混亂。糖尿病的控制是一場非常辛苦的長期抗戰，唯有靠毛爸媽和動物醫生的密切配合，才能讓毛孩有舒適的生活品質。🐾

我家貓主子年紀大之後脾氣越來越暴躁，明明以前很溫馴的，好奇怪？

　　有些貓奴會發現貓貓在年紀大之後，脾氣變得越來越火爆，年輕時本來是一隻很溫馴的貓，老了之後卻動不動就打人、咬人，甚至完全不讓人碰，個性變得很古怪。貓奴可能會以為是自己把貓貓寵壞了，但其實有的時候這可能是內分泌疾病的症狀之一，尤其是甲狀腺亢進症（Hyperthyroidism）。

　　甲狀腺亢進症在中年以上的老貓是相對常見的內分泌疾病，在美國，10歲以上的老貓，每十隻就有一隻可能罹患甲狀腺亢進症。除了脾氣暴躁之外，可能還會發現他們有其他症狀，包括精力旺盛、焦慮躁動、莫名嚎叫、食量變大，但是日漸消瘦、喝水尿尿變多等等，有時也可能會出現嘔吐或拉肚子的症狀。

　　甲狀腺亢進的貓貓可能會減少理毛，所以也可能會發現他們的毛髮變得很雜亂。甲狀腺亢進症還可能會併發高血壓及心臟肥厚，所以也可能會發現他們呼吸變得急促，以及心跳加速的狀況。如果在 8 歲以上的老貓發現這些症狀，都應該請動物醫生進一步檢查。

　　甲狀腺亢進症常常是因為甲狀腺腺體腫大造成的，動物醫生可能會在貓貓頸部氣管的兩側摸到腫大的甲狀腺，它們絕大多數是良性的增生或腺腫，但也有 2% 的機率可能是惡性的上皮癌。動物醫生會檢驗血液中的甲狀腺素濃度，如果持續高於正常，就可以確診為甲狀腺亢進症。有些老貓的症狀並不明顯，可能很容易忽略掉這個疾病，因此，8 歲以上的老貓在做健檢時，建議都要把甲狀腺素納入檢查的項目。🐾

如果貓貓不想吃藥，甲狀腺亢進可以不治療嗎？

　　甲狀腺亢進如果長期不接受治療，可能會併發其他器官的疾病，最常見的併發症包括高血壓、心臟病等等。

　　貓貓的心臟病比較難以發現，動物醫生通常會建議貓貓要做心臟超音波，來評估心臟功能是否受到甲狀腺亢進的影響，如果有心臟肥厚的問題，有可能會需要服用額外的心臟藥物。除了造成心臟肥厚之外，甲狀腺亢進也有可能造成心跳過快、心律不整的問題，這方面就會需要做心電圖檢查來確認。此外，甲狀腺亢進也常常併發高血壓，高血壓有可能會造成貓貓視網膜剝離、眼內出血、失明，以及腦部、腎臟的病變，長期高血壓也會造成心臟肥厚的問題，因此定期追蹤並控制血壓也非常重要。

　　雖然治療甲狀腺亢進很重要，但有些貓貓在開始治療甲狀腺問題之後，可能會發現腎指數開始飆高，出現慢性腎病的症狀，而誤以為是甲狀腺藥造成腎病。其實，這並不是甲狀腺的藥物造成腎臟損傷，而是這些貓貓原本就已經有潛在的腎臟疾病，只是由於甲狀腺亢進使得腎臟的血流過於充沛，造成腎臟的過濾功能變得旺盛，使得腎指數假性正常。

　　一旦甲狀腺素被抑制，原本被掩蓋的腎病問題就會浮現，才會在開始吃藥之後被醫生發現。針對這些同時罹患多種疾病的貓貓，毛爸媽一定要積極配合動物醫生的指示，密集且詳細地追蹤檢查，才能讓藥物在各個器官之間取得平衡，讓毛孩回到最健康的狀況。🐾

甲狀腺亢進症要怎麼治療呢？需要做手術嗎？

　　如果確定罹患了甲狀腺亢進的問題，動物醫生最常使用的療法是給予一些藥物抑制甲狀腺素的生成，這類藥物需要長期、定時地服用，並且定期追蹤各項血液指數，毛爸媽千萬不可以任意調整劑量，否則對身體的影響是非常巨大的。

　　由於碘離子是甲狀腺素的重要成分，所以除了藥物之外，有些處方飼料也有低碘的配方，可以透過減少碘的攝取來抑制甲狀腺素的生成，一樣能有控制疾病的效果。不過，使用這種處方飼料的貓貓，必須要嚴格控制不能再給其他零食，以免影響療效。

　　前面提過，甲狀腺亢進通常是甲狀腺的增生或腫大引起，所以手術切除腫大的甲狀腺也是治療的選項之一，而且治療效果相當顯著。不過手術切除需要經歷全身麻醉，對於老貓來說會是另一個風險，尤其如果併發心血管疾病和腎臟病的老貓，更需要詳細評估。手術的另一個缺點是不可逆，而且有機會傷到其他周邊組織，所以一定要找有經驗的外科醫生來處理。

　　在國外，還有一種治療方法是注射或口服放射性的碘離子，一旦身體將這些碘離子運送到甲狀腺去，這些放射性的能量就能夠殺死異常的甲狀腺細胞，達到治療的效果。不過這些放射性物質對人類的身體也有害，所以需要特別的證照和設施才能夠執行這種治療，在治療過程中，貓貓也必須要住院而且禁止探病，目前台灣似乎還沒有適合執行這種療法的設施及專科醫生。🐾

我家狗狗年紀大之後每天都在睡覺不想動，不只皮膚長出老人斑，還胖了好幾公斤，狗狗老了都會這樣嗎？

有些年紀大的老狗整天無精打采，怕冷、不停睡覺，吃的沒有比較多卻很容易胖，皮膚掉毛光禿禿，或是長出很多大片黑斑，這些症狀都有可能是甲狀腺素過低（Hypothyroidism）所造成的。

甲狀腺素是促進身體新陳代謝的一種重要的荷爾蒙，也是促進毛髮生長的重要激素，所以當身體內的甲狀腺素不足時，新陳代謝就會變得緩慢，使得狗狗好像「呼吸都會胖」。也由於新陳代謝緩慢造成身體產熱不足，使得狗狗異常地怕冷，即使大熱天也要縮在被窩裡面。

另外毛髮也會停止生長，剃過的毛髮可能長不出來，原本的毛髮也會隨著時間慢慢凋零脫落，導致全身毛髮稀疏。很多狗狗在初期身上的毛還沒掉光，但尾巴卻明顯光禿禿，看起來就像老鼠的尾巴（Rat tail），是內分泌脫毛的典型表現。

除了這些外觀可見的症狀之外，動物醫生可能也會發現他們的心跳特別緩慢、皮膚增厚、血中的膽固醇過高、角膜脂質沉積，或是併發乾眼症等等。

淋巴球性的甲狀腺炎是最常見造成狗狗甲狀腺素分泌不足的原因，一般認為可能是自體免疫混亂，攻擊自身的甲狀腺所造成。不過也有很多甲狀腺素分泌不足的狗狗是由於甲狀腺的萎縮所造成，這些狗狗的甲狀腺腺體構造變少，被脂肪組織所取代，所以就沒有足夠的腺體來分泌甲狀腺素，但是造成這種萎縮的原因目前還不明確。

甲狀腺素不足的狀況通常狗比較常見，貓則比較常見的是甲狀腺亢進症，兩種動物剛好相反。甲狀腺素過低並不是一個會立即危及生命的疾病，但長久下來還是會引發一些併發症，造成狗狗不舒服，所以如果有相關的症狀，還是要找動物醫生就診。🐾

甲狀腺素不足需要手術嗎？還是吃藥治療？

　　甲狀腺素低下的診斷和治療並不困難，動物醫生可以抽血檢驗狗狗身體內的甲狀腺素濃度，搭配臨床症狀，來判斷狗狗是不是患有甲狀腺素過低的問題。不過，當身體有其他疾病時，其他的荷爾蒙也可能會影響甲狀腺素的分泌，所以如果要確定甲狀腺問題的來源，可能會需要將血液檢體送到大型的實驗室去化驗，跟一般在診所就能化驗的血檢項目會稍微不同，費用也略有差異。

　　大型實驗室可以檢驗的項目和診所有什麼差異呢？其實甲狀腺素（T4）平常在身體裡面是以兩種形式存在的，一種是和蛋白質結合的「結合態甲狀腺素（Bound T4）」；一種是沒有和蛋白質結合的「自由態甲狀腺素（Free T4）」，一般診所的儀器只能驗到這兩種甲狀腺素加總起來的總甲狀腺素濃度（TT4），但由於其他疾病也會使總甲狀腺素濃度降低，並不一定真的是甲狀腺本身的問題，所以如果要確診，就必須要送到大型實驗室去做檢驗，確認自由態甲狀腺素真的太低才是真正的甲狀腺問題。

　　此外，大型實驗室還能檢驗另一種很重要的荷爾蒙，稱為促甲狀腺激素（TSH），這個激素是由腦下垂體分泌，用來刺激甲狀腺體分泌甲狀腺素的，如果甲狀腺功能真的低下，身體就會增加促甲狀腺激素的分泌，催促甲狀腺趕快製造多一點甲狀腺素，此時我們就會驗到促甲狀腺激素的濃度升高，所以如果總甲狀腺素濃度過低加上促甲狀腺激素濃度升高，就能證明毛孩的甲狀腺真的有問題，但如果只有總甲狀腺素濃度降低，促甲狀腺激素濃度卻沒升高的話，就要再確認自由態甲狀腺素真的過低才能診斷甲狀腺機能低下。

　　甲狀腺機能低下並不需要做手術，雖然通常沒有辦法完全痊癒，但可以透過藥物良好控制。一旦確診之後，狗狗就需要終生以口服的方式補充甲狀腺素，並定期回診追蹤血中濃度。只要好好配合動物醫生的指示，按時吃藥，就會發現狗狗的毛髮慢慢變回茂密的樣子，從此告別油膩大叔的形象。🐾

狗狗和貓貓幾歲會開始發情？多久發情一次呢？

　　狗狗和貓貓如果沒有絕育，每隔一段時間都會有發情的現象，類似於人類的月經來潮。以小型犬而言，第一次發情，也就是所謂的青春期大概在 6 ～ 10 個月齡的時候，大型犬則是在 18 ～ 24 個月齡，也就是 1 歲半～ 2 歲的時候，而貓貓則通常是 5 ～ 9 個月齡就會有第一次的發情。剛開始第一次發情的毛孩，他們的發情週期有可能還不規律，這是正常的現象。有些母狗可能要到第一次發情的 2 年之後才慢慢建立起規律的發情週期。

　　至於發情的週期，狗狗通常是平均 7 個月發情一次，也就是一年可能會發情一～二次，通常在早春的季節比較容易發情，但因為現代的狗狗大多飼養在家中，季節的影響就變得比較不明顯了。此外，發情的次數也跟體型有關，小型犬有可能 1 年發情三次，巨型犬種則有可能 1 年只發情一次。另外也有一些犬種比較特別，例如：德國狼犬可能 4 個多月就會發情一次，而貝生吉犬則是 1 年發情一次，通常在 12 月的時候發情。貓貓則是屬於季節性發情，1 年大約二～四次，通常秋冬天氣較冷的時候比較不會發情。

　　狗狗、貓貓的卵巢跟人類一樣，也是會有一個週期性的循環變化，我們稱為動情週期（Estrus cycle），而根據卵巢濾泡的變化可以分為四個時期：動情前期（Proestrus）、動情期（Estrus）、動情間期（Diestrus）、靜止期（Anestrus）；而我們所謂的發情指的大概是動情前期和動情期這兩個階段，詳細介紹如下。🐾

1 動情前期
（ Proestrus ）

狗約 2～15 天，平均 9 天。

2 動情期
（ Estrus ）

狗約 3～21 天，平均 9 天。
貓約 3~16 天，平均 8 天。

3 動情間期
（ Diestrus ）

未懷孕母狗約 66 天。
母貓未排卵者 21 天。

4 靜止期
（ Anestrus ）

此時母狗的外陰部會變得比較腫脹，可能會有一些血樣的分泌物，類似人類的月經。毛爸媽可能會發現家中母狗常常舔拭他們的外陰部，脾氣也可能會比較暴躁。公狗可能會在這個時期被母狗吸引，但在這個階段母狗可能會拒絕乘駕。

此時母狗願意接受乘駕，可以進行交配，母狗的尾巴位置會改變，吸引公狗來嗅聞。貓貓則可能會頻繁地嚎叫、坐立難安、胸部貼地匍匐爬行、翹起屁股、頻繁摩擦家具或毛爸媽的腳踝、舔拭下體等等，室內貓也可能會在這個時期不斷地看向門外、窗外，企圖跑去外面尋找伴侶。而公狗、公貓在發情時也會變得躁動，有可能到處亂尿尿企圖留下氣味來吸引異性。

未懷孕母狗在這個時期會有所謂假懷孕（Pseudopregnancy）的現象，會出現乳腺發育、脹大、體重上升等等類似懷孕的症狀。而貓則比較特別，他們需要經由交配的動作來誘導排卵，如果母貓沒有找到公貓交配，就不會排卵，他們會在 21 天之後重新發情。而如果有交配的動作造成排卵，但沒有成功懷孕的話，就會進入 30～45 天的假懷孕狀態，之後再重新發情。

所謂的靜止期就是狗狗假懷孕的症狀漸漸消失，到下一次發情季節之前的這段時間。這段時間的狗狗、貓貓就會和平常一樣，沒有任何發情症狀，也不接受異性狗貓求愛。

毛孩一定要結紮嗎？為什麼動物醫生都要叫我們帶毛孩去絕育呢？

如果沒有打算讓家中毛孩懷孕，一般來說動物醫生都會建議母狗、母貓要進行絕育，除了可以避免不小心懷孕之外，也可以避免發情行為帶來的困擾，同時還可以預防子宮蓄膿及乳腺腫瘤。

沒有絕育的母狗、母貓由於一段時間就會發情，在這段期間陰道可能會跟外界接觸，使得外界的細菌跑進生殖道內，有可能會造成子宮蓄膿。子宮蓄膿會使得大量細菌累積在體內，嚴重時甚至可能引發敗血症造成死亡，是非常可怕的疾病，必須緊急手術將子宮卵巢移除！雖然手術不算複雜，但如果等到老年才發病，加上敗血症身體狀況比較虛弱的時候才來動刀，手術風險是非常高的。

另外，沒有絕育的母狗、母貓因為長期荷爾蒙的刺激，也容易發生乳腺腫瘤，如果以狗來說，乳腺腫瘤大概有一半的機會是惡性、一半的機會是良性；而以貓來說，就幾乎九成以上都是惡性腫瘤，也就是乳癌，是會危及生命的。

有研究指出，早期絕育可以預防乳腺腫瘤，如果母狗在第一次發情前就絕育，罹患乳腺腫瘤的機率可以降到 0.05%；如果第二次發情前絕育，罹患的機率會上升到 8%；第二、三次發情後絕育，罹患機率是 25%；第四次發情之後才絕育，就沒有預防乳腺腫瘤的效果了。而以貓來說，如果在 6 個月齡前就絕育，罹患乳腺腫瘤的機率可以降到 9%，7 ～ 12 個月齡前可以降到 14%，之後罹患的機率就會大增，所以也是建議絕育比較好。

不過當然絕育並不是完全沒有缺點，很多狗狗、貓貓在絕育後代謝和活動力會稍微下降，很容易有肥胖的問題，年紀大就容易產生關節疾病。另外，某些品種在絕育之後可能會有比較高的風險罹患其他腫瘤，例如：近期就有研究認為黃金獵犬的母犬絕育可能要考慮其他疾病的影響，所以詳細的建議可能還是要請教毛孩的家庭醫生，針對個別的情況來作選擇，才是最適合他的。🐾

狗狗和貓貓懷孕的過程是多久？
要怎麼知道他們懷孕呢？

　　狗狗懷孕的過程可能會維持 56 ～ 72 天不等，但平均大約是 63 天，貓貓懷孕的期間則大約是 64 ～ 68 天。

　　狗狗在懷孕期間可能活動力會比較下降，比較容易累、愛睡覺等等，有些狗媽媽會變得比較黏人，變得更常找毛爸媽撒嬌。而在懷孕後，血中的泌乳激素會升高，使得懷孕的母狗開始出現一些懷孕期的身體變化，例如：乳頭會開始變凸、變得粉紅。剛懷孕的 3 ～ 4 週內食慾可能會比較差，但在懷孕的後半段食量又開始增加，超過原本的 50%。

　　懷孕 30 天的母狗可能會看到陰道出現黏液樣的分泌物，35 天後體重明顯上升，達到正常體重的 1.5 倍；40 天後可以發現腹部開始腫脹，乳腺明顯增生並且有分泌物；50 天後則可以看到腹部明顯膨大。直到分娩前 7 天，開始可以從媽媽的乳頭擠出一些初乳乳汁，就代表預產期已經很接近了。不過，以上這些變化也不是每隻狗媽媽都看得到，例如：生第一胎的媽媽或者胎兒較小的媽媽，這些外觀變化可能就沒那麼明顯。

　　貓媽媽在懷孕期間的行為變化相對狗來說比較不明顯，只有少數的懷孕母貓可能會變得撒嬌或脾氣變得暴躁。而在外觀的變化上，他們在懷孕 21 天後就會發現乳腺變大、變粉紅的狀況；50 天後可以看到腹部明顯膨大，但相對狗狗來說沒有那麼明顯；大約懷孕 58 天後會發現乳腺明顯增生，直到分娩前 7 天，一樣可以開始從媽媽的乳頭擠出一些初乳乳汁，幫助判斷預產期。🐾

懷孕的狗媽媽、貓媽媽該怎麼照顧呢？

其實懷孕的毛孩跟人類一樣，均衡的營養是很重要的，營養不足可能會導致胚胎流失、胚胎發育異常、流產、死產、胎兒體重過輕等等。然而，如果過度餵食也有可能造成媽媽過於肥胖，而增加難產的風險，也可能減少產後泌乳的乳量，影響新生兒的發育。

狗狗的懷孕期平均大約是 63 天，前 2/3 的階段（也就是懷孕的前 6 週），他們的營養需求大致上跟一般年輕成犬不會有太大差異，所以食物上不需要有太多變動，但必須注意避免他們的體重在這個階段變輕。

而在後 1/3 的階段，也就是懷孕 40 天後，這個時期是寶寶開始快速發育的時期，所以懷孕的 6 ～ 8 週會是狗媽媽營養需求最大的階段，大約要比一般成犬高出 30 ～ 60%，毛爸媽必須多加注意。尤其在懷孕最後 1 週，整個肚子已經被胎兒占滿，腸胃的空間可能裝不下太多食物，毛爸媽應該盡量提供好消化、營養價值高的食物，至少包含 29% 的蛋白質和 17% 的脂質，以少量多餐的方式餵食。

而對於貓媽媽來說，營養的原則也是跟狗狗類似，但是時間點會比較早一些，大約在懷孕的第 4 週之後就可以開始將他們的食物慢慢換成高消化、高營養價值的飼料，如果買不到專為懷孕母貓設計的配方，可以選擇幼貓飼料來提供充足的營養，在轉換飼料的過程中不可心急，應該用 7 ～ 10 天的時間混合成貓和幼貓飼料，慢慢調整比例將主食改成幼貓配方。

偏好乾飼料的貓貓要注意提供充足的水分，避免脫水影響後續泌乳。如果貓貓偏好濕食，要注意副食罐的熱量是遠遠不及乾飼料的，可能需要挑選營養成分高的主食罐頭來跟乾飼料搭配。

另外，由於產後泌乳會消耗大量的鈣、磷和水分，所以產前也要多注意補

充。毛爸媽可以直接選購市面上專為懷孕動物設計的食物和補充品，注意鈣質比例應該至少 1 ～ 1.8%，磷的比例則應該在 0.8 ～ 1.6% 左右。除了鈣、磷外，葉酸、鐵質和其他必須脂肪酸的補充也是很有幫助的，毛爸媽可以諮詢動物醫生，依照醫生的建議來選擇適當的營養品。

除了營養之外，適度的運動對於懷孕的毛孩也是很重要的，如同前面所說，過胖可能會增加難產的風險，尤其分娩時需要足夠的體力及腹部肌肉的推動才能順利生產，所以懷孕的毛孩也不應該完全停止運動。狗狗在懷孕的前半段都還是可以正常出門散步，但要注意避免中暑或過於激烈的活動。後半段由於胎兒的重量太重，運動量可以跟著減少，依照毛孩的體力狀況適量散步即可。🐾

毛孩也有產檢嗎？產檢是怎麼判斷他們懷孕的呢？

沒錯，毛孩也有所謂的產檢。想要確認毛孩有沒有懷孕、懷了多少寶寶，以及推算預產期等等的資訊，只要找動物醫生協助做產前檢查就可以判斷了。

要確認毛孩是否懷孕，理想的診斷時間大約是在配種後的 1 個月，可以比較準確地判定。如果使用高階的超音波儀器，最早大約可以在懷孕 20 天後看到子宮內的胚胎；懷孕 22 天後則可能可以看到胎兒的心跳；32 天後開始可以看到胎兒的頭部、四肢、軀幹、腹腔等結構逐漸發育出來；等到懷孕 40 天後，胎兒的骨骼就開始骨化，可以看得更清楚。

而貓貓的胎兒心跳可能可以更早看到，大約在配種後的 15 天，就有機會用高階超音波儀器看到，不過理想的診斷時間還是在配種後的 1 個月會最清楚。🐾

毛孩懷孕是跟人一樣通常一次只有一個胎兒嗎？還是有可能多胞胎呢？

　　狗狗一次懷孕的寶寶數量，最少可能只有一隻，但有些巨型犬種最多可能一次可以懷到十五隻。一般來說，年輕母狗一次懷的胎數會比較少，隨著年齡增長，到 3 ～ 4 歲時一次懷的胎數會比較多，之後媽媽年紀更大時胎數又會下降。如果狗媽媽只懷了一到兩個寶寶，通常會比較容易難產，因為每個寶寶的身體會長得比較大，但對子宮的刺激卻比較少，要特別注意。

　　而在貓貓來說，每次懷孕平均大概是 3.5 ～ 4.6 隻左右，最少也是只有一隻，最多則可能一次懷到九隻寶寶。通常第一次生產的媽媽懷的胎數會比較少，但不同於狗狗的是，貓貓即使懷的胎數少也並不會造成難產。

　　想要確認寶寶數量，最好的方法還是用 X 光來判斷，超音波的掃描範圍有限，沒辦法一次看到整個腹腔，所以反而沒那麼準確。X 光的判斷需要看到寶寶的骨骼，所以不管是狗狗或貓貓，都要等到懷孕 40 ～ 45 天後來做 X 光檢查才會比較準確。

　　動物醫生可以透過計算寶寶脊椎和頭骨的數量來確認胎兒的數目。由於胎兒在不同階段骨骼發育的程度也不一樣，X 光除了可以計算胎兒數目之外，也可以藉由骨骼發育的狀況來推算預產期，例如：當寶寶的手指、腳趾這些比較小的骨骼都已經發育完成的時候，就有可能離預產期非常接近，可以開始做一些產前準備了。

　　當然，也有些毛爸媽會擔心懷孕期間拍 X 光會不會影響到胎兒和媽媽的健康，其實動物用 X 光的劑量都非常低，例行產檢所拍攝的 X 光是不會造成胎兒畸形的，可以不必太過擔心。🐾

產檢可以知道寶寶健不健康嗎？
要怎麼推算懷孕毛孩的預產期呢？

　　狗狗和貓貓整個懷孕的孕期大約是 58 ~ 63 天，針對預產期的推算，動物醫生會用超音波測量寶寶的頭圍來幫助判斷。當然，預產期只是一個粗略的推算，如果毛爸媽可以提供更多資訊，例如：確切是哪一天發生交配行為等等，綜合參考就能夠讓預產期更準確，不過最終還是會受到寶寶和媽媽的身體狀況影響而可能提早或延後分娩，毛爸媽還是要隨時密切觀察才行。

　　超音波除了可以判斷有沒有懷孕，以及懷孕的時期之外，還有一個很大的好處是可以藉由都卜勒的技術來計算胎兒的心跳數，藉以判斷胎兒是否健康。正常來說胎兒的心跳速率應該要是母親的 2 倍左右，如果發現胎兒心率明顯過慢，表示胎兒有可能不健康，甚至可能演變成死胎，動物醫生可能就會評估是否需要提早進行剖腹產了。

　　毛爸媽可以在毛孩懷孕 1 個月後幫毛孩安排一次產檢，除了確認毛孩是否成功懷孕之外，還可以檢查體內的胎兒是否健康，有沒有死胎的問題。雖然毛孩的產檢並沒有辦法準確判斷寶寶是否罹患先天疾病，但有件很重要的事情是非常建議一定要確認的，就是媽媽肚子裡面到底有幾個寶寶？因為毛孩一次可能不見得只懷一個寶寶，如果自然產到一半發現肚子裡面剩下的寶寶遲遲不肯出來，就有可能需要趕快到醫院催產，甚至是剖腹產把剩下的寶寶拿出來。所以分娩當天，毛爸媽明確掌握毛孩懷了幾胎、目前生到第幾胎、生產的時間點等等資訊，對動物醫生來說是非常重要的。🐾

毛孩需要去醫院待產嗎？怎麼知道他要生了呢？

　　毛孩需不需要去醫院待產呢？其實毛孩生產時需要的是一個安靜不被打擾、沒有壓力的環境，所以如果在醫院待產，由於環境不熟悉，反而可能會造成毛孩緊迫而使生產不順利。大多數毛孩都能在家自然生產，生產後大多數毛孩也會有天生的母性照顧小寶寶。

　　要怎麼知道毛孩即將臨盆呢？最重要的徵兆就是懷孕毛孩的體溫會突然下降。正常狀況下毛孩的體溫大約在 38.5 度 C 左右，而在即將分娩的前 1 週，毛孩的體溫會開始下降並上下浮動，大約在 37 度～ 38.5 度 C 之間徘徊。到分娩前 8 ～ 24 小時的時候，體溫就會突然更大幅度的下降，小型犬可能會降到 35 度 C 左右，中型犬則大約是 36 度 C，巨型犬種就比較少低於 37 度 C。所以如果發現毛孩體溫驟降，就可以知道他們即將分娩，要做好準備了。不過在貓貓來說，雖然也有產前體溫下降的徵兆，但可能不像狗狗能夠這麼準確預測分娩時間。

　　除了體溫的變化之外，毛孩在分娩前 12 ～ 24 小時也會有築巢的行為，例如：把地毯、毛巾或寵物床拖到新的位置堆疊，出現挖地板的動作，或者鑽到陰暗的小角落躲起來等等。貓媽媽在懷孕第 9 週快要分娩時，通常會變得比較沒有活力。而第一胎生產的貓媽媽在分娩前 2 天通常也會變得比較焦慮，開始尋找適合生產的地方，有些貓媽媽會在分娩前的 12 ～ 24 小時完全不肯吃飯，但也有些貓媽媽完全沒有明顯的行為變化。🐾

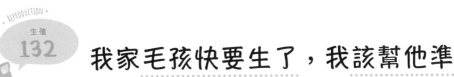

我家毛孩快要生了，我該幫他準備些什麼呢？

　　當毛孩預產期快到，又觀察到毛孩有前述即將分娩的徵兆時，毛爸媽可以預先幫他們準備好一個安靜、陰暗、不受打擾的小房間待產，給媽媽一些毛巾、軟墊，讓他們安心的築巢。毛爸媽可以在小房間內架設攝影機遠端監控媽媽分娩的狀況，避免房門和電燈開開關關，造成媽媽的緊張。

　　在小寶寶出產前，也可以預先準備一個大的瓦楞紙箱，裡面鋪上毛巾及撕碎的報紙條，讓剛出生的小寶寶和媽媽休息。毛巾下方也可以墊一些熱水袋，或者用保溫燈照射紙箱，來達到保溫的效果。

　　在分娩過程中，毛爸媽最好要隨時注意媽媽的狀況，通常在生第一個小寶寶前的 2 ～ 4 小時，肚子的收縮會比較微弱，間隔也比較長，直到一切就緒，媽媽就會頻繁且強烈的收縮腹部把寶寶推出。毛爸媽要注意的是，如果看到媽媽很頻繁用力的收縮腹部，卻怎麼也推不出寶寶，而且這種狀況持續 20 ～ 30 分鐘的話，就有可能是有難產的狀況，需要趕快帶去找動物醫生處理。

　　另外，如果是已經確定懷了多個寶寶的媽媽，正常狀況下，每個寶寶順利出生的間隔大約會是 5 ～ 120 分鐘。如果其中一胎比較大，媽媽可能會在生完之後停止腹部的收縮，休息兩個小時之後才繼續生產。通常整個分娩大概會在 6 小時內結束，但也有可能拉長到 12 個小時。

　　如果超過 24 個小時還沒生完，就很有可能有難產的問題了。如果媽媽體內還有寶寶，卻超過兩個小時都沒有繼續生下一胎，或者腹部有收縮但是很微弱，看起來像沒有力氣的樣子，這些都有可能是難產的狀況，這時千萬不能拖延，必須趕快就醫，動物醫生會視情況打催產針或進行剖腹產手術。如果拖延太久，難產的寶寶就有可能會死亡，所以生產的過程毛爸媽一定要好好陪伴、觀察，才能讓所有寶寶順利生產。🐾

動物醫生診療室
DR. EASON'S CONSULTING ROOM

書　　　名　動物醫生診療室：犬貓的健康管
　　　　　　理X常見疾病一本滿足
作　　　者　葉士平（Dr.Eason Yeh）
企　　　劃　春花媽
助 理 編 輯　譽緻國際美學企業社・呂昱葶
校 稿 編 輯　譽緻國際美學企業社・許雅容
美　　　編　譽緻國際美學企業社
封 面 設 計　洪瑞伯

發 行 人　程顯灝
總 編 輯　盧美娜
主　 編　莊旻嬑
發 行 部　侯莉莉、陳美齡
財 務 部　許麗娟
印　 務　許丁財
法 律 顧 問　樸泰國際法律事務所許家華律師

藝 文 空 間　三友藝文複合空間
地　　　址　106 台北市安和路 2 段 213 號 9 樓
電　　　話　（02）2377-1163

出 版 者　四塊玉文創有限公司
總 代 理　三友圖書有限公司
地　　　址　106 台北市安和路 2 段 213 號 4 樓
電　　　話　（02）2377-4155
傳　　　真　（02）2377-4355
E - m a i l　service@sanyau.com.tw

郵 政 劃 撥　05844889 三友圖書有限公司

總 經 銷　大和書報圖書股份有限公司
地　　　址　新北市新莊區五工五路 2 號
電　　　話　（02）8990-2588
傳　　　真　（02）2299-7900

初　　　版　2021 年 12 月
定　　　價　新臺幣 350 元
I S B N　978-986-5510-96-1（平裝）

國家圖書館出版品預行編目（CIP）資料

動物醫生診療室：犬貓的健康管理X常見疾病一
本滿足/葉士平(Dr. Eason Yeh). -- 初版. -- 臺北市
：四塊玉文創有限公司, 2021.12
　面；　公分
ISBN 978-986-5510-96-1(平裝)

1.獸醫學 2.問題集

437.2　　　　　　　　　　　　　110018919

三友官網　　三友 Line@